职业教育技能实训系列教材（项目式教学）

职业教育机电类系列教材

数控铣床编程与操作练习册

朱明松　编

陶建东　主审

机　械　工　业　出　版　社

本书与由朱明松、王翔编写的《数控铣床编程与操作项目教程》配套使用，通过必要的练习和训练使学生更好地掌握数控铣床编程的相关知识和技能。

本书的编排顺序与教材体系保持一致，每个课题均安排了一定题量的练习，主要题型为填空、判断、选择、简答、编程。练习题内容以数控铣床编程、操作、工艺知识为主，紧扣课程学习目标。

本书适用于职业院校机电类各专业。

图书在版编目（CIP）数据

数控铣床编程与操作练习册/朱明松编. —北京：机械工业出版社，2011.6（2025.2 重印）

职业教育技能实训系列教材（项目式教学）. 职业教育机电类系列教材

ISBN 978-7-111-34655-5

Ⅰ.①数… Ⅱ.①朱… Ⅲ.①数控机床：铣床—程序设计—技术培训—习题集 ②数控机床：铣床—操作—技术培训—习题集 Ⅳ.①TG547-44

中国版本图书馆 CIP 数据核字（2011）第 090548 号

机械工业出版社（北京市百万庄大街 22 号 邮政编码 100037）

策划编辑：王佳玮 责任编辑：王莉娜 王佳玮 王海霞

版式设计：霍永明 责任校对：刘志文

封面设计：张 静 责任印制：刘 媛

涿州市般润文化传播有限公司印刷

2025 年 2 月第 1 版第 11 次印刷

184mm×260mm · 11 印张 · 255 千字

标准书号：ISBN 978-7-111-34655-5

定价：35.00 元

电话服务 网络服务

客服电话：010-88361066 机 工 官 网：www.cmpbook.com

010-88379833 机 工 官 博：weibo.com/cmp1952

010-68326294 金 书 网：www.golden-book.com

 机工教育服务网：www.cmpedu.com

前　言

知识的学习需要通过一定的练习来增强记忆、加深理解，才能实际应用；技能的学习需要通过一定的训练才能逐步由生疏到熟练，由简单到复杂。所以，必要的练习和训练是学习数控铣床编程与操作的重要环节。应读者的要求，我们编写了《数控铣床编程与操作练习册》。

本书与由朱明松和王翔编写的《数控铣床编程与操作项目教程》（书号：ISBN 978-7-111-63893-3）配套使用，适用于职业院校机电类各专业。本书的主要特点如下：

1）为便于教学，本书的编排顺序与教材体系保持一致，每个课题均安排了一定题量的练习。

2）本书的主要题型为填空、判断、选择、简答、编程，形式多样，能使学生在有限的时间内进行更多的练习。

3）练习题的内容以数控铣床编程、操作、工艺知识为主，紧扣课程学习目标。

4）编程题中零件的材料选用2A16（硬铝）及45钢，可作为课程的拓展训练项目。

本书由江苏省六合职业教育中心校朱明松编写，由南京市职业教育教学研究室陶建东主审。

限于编者水平，书中错误及不妥之处在所难免，恳请读者不吝指正。

注：本书中带“*”的题目为选做题，学生可以根据自己的能力选做。

编　者

目　　录

模块一　数控铣床基本操作

一、填空题

1. 数控铣床是用______________________控制的铁床。

2. 加工中心是带刀库和____________的数控镗铣床。

3. 数控编程一般分为________编程和________编程两种。

4. 按机床形态分，数控铣床有________、________、________三种。

5. 卧式铣床主轴处于________位置，适宜加工______________工件。

6. 立式铣床主轴处于________位置，适宜加工______________工件。

7. 按控制方式分，数控铣床有________、__________、________的数控机床。

8. 数控铣床一般由______、______、______、______等组成。

9. 加工中心刀库有________、________、________三种形式。

10. 加工中心刀库是用来____________________的地方。

11. 数控铣床最适合加工______、______、______、______、______等零件。

12. 在法那克系统中，ALTER为______键、DELTE为______键、INSERT为______键、CAN为______键。

13. 在法那克系统中，PROG为______键、POS为______键、OFSET SET为______键、SYSTM为______键、MESGE为______键、CUSTM GRAPH为______键、HELP为______键。

14. 在数控机床中，AUTO（MEM）表示______工作方式，MDI（A）表示______工作方式，JOG表示________工作方式，REF表示________工作方式。

15. 西门子系统中的M是________键，是________键，是________键，是______________键。

16. 按下紧急停止旋钮，可使数控机床和数控系统__________；________可解除紧急停止。

17. 在数控机床面板中，Reset为________键、CycleStar为________键。

18. 数控装置内温度一般不应高于____________，温度过高会使数控系统工作不稳。

19. 数控机床电网电压只能在其额定电压的________范围内波动，若电网电压波动较大，则应考虑加装______________。

20. 数控铣刀按材料分有________、__________、__________、__________等几类。

21. 数控铣刀按结构分有____________、____________等。

22. 工厂中常用铣刀刀柄的型号有__________和__________系列。

23. 在铣刀刀柄中，卡簧型号应与__________________一致。

24. 卸刀座是用于____________________的装置。

25. 机床坐标系确定原则是假定刀具__________________而运动的原则，即不论是刀具运动还是工件运动，均以______的运动为准，________看成静止不动。

26. 绕Z轴转动的旋转轴是________________。

27. 数控机床参考点在机床出厂时已调好，其数值储存在______________中。

28. 数控机床开机后应首先执行______________操作。

29. 用机用平口钳装夹工件时，其钳口应与____________________平行。

30. 工件装夹在机用平口钳上，应用______________支承，以防止工件在加工中发生位移。

31. 数控程序由________、________、__________三部分组成。

32. 法那克系统的程序名以________开头，后跟________位数字。西门子系统的程序名由________位字母、数字、下划线组成，开始两位必须为________。

33. 数控程序中常用________、__________指令表示程序结束。

34. 在数控程序中，每一程序段完成数控机床________________。程序段与程序段间，法那克系统用__________分隔，西门子系统用________________分隔。

35. 输入程序时，应先输入________________。

36. ISO 是________________________，EIA 是________________________。

37. 工件坐标系又称__________坐标系，是____________________________而人为建立的坐标系。

38. 数控铣床工件坐标系Z轴零点一般设置在__________________，X、Y轴零点一般设置在__________________上。

39. 可设定零点偏置指令有______、______、______、______、______、______。

40. 主轴正转的指令为__________，主轴反转的指令为__________。

41. S1500 的含义是________________________。

42. 试切削对刀，当刀具接近工件表面时，应把进给倍率调____。

43. 当数控机床出现________________，数控系统会发出报警信号。

二、判断题

1. 数控机床的各种操作都是用数字化代码表示的。（　）

2. 立式铣床适用于加工特大型零件。（　）

3. 立式铣床主轴轴线为竖直位置。（　）

4. 立式铣床工作台是水平的，卧式铣床工作台是垂直的。（　）

5. 龙门式数控铣床适宜加工特大型零件。（　）

6. 半闭环、闭环控制系统常采用步进电动机。 ( )

7. 伺服机构的位置检测元件设在伺服电动机轴端或丝杠一端，检测电动机或丝杠的回转角，这种伺服控制方式称为半闭环控制方式。 ( )

8. 闭环数控系统是不带反馈装置的控制系统。 ( )

9. 闭环控制系统比开环控制系统具有更高的稳定性。 ( )

10. 不带有反馈装置的数控系统称为开环控制系统。 ( )

11. 开环控制系统一般用于经济型数控机床和旧机床的数控化改造。 ( )

12. 数控机床加工能消除人为因素对产品质量的影响。 ( )

13. 常用的位移执行装置有步进电动机、直流伺服电动机和交流伺服电动机。 ( )

14. 数控铣床不能加工空间曲面等形状复杂的表面。 ( )

15. 数控机床适用于加工多品种、中小批量的产品。 ( )

16. 数控机床生产效率高，通常可比普通机床生产效率高 2 ~3 倍，特殊情况可高到十几倍到几十倍。 ( )

17. 加工中心的特点是加大了劳动者的劳动强度。 ( )

18. 数控机床不能适应频繁改形的零件加工。 ( )

19. 数控机床通电后，无须检查各开关旋钮和键是否正常。 ( )

20. 为了使机床达到热平衡状态，必须使机床运转 3min。 ( )

21. 数控机床周边环境好坏对数控机床性能没有多大影响。 ( )

22. 数控机床具有电压自动调节功能，即使电网电压不稳定，数控机床也能正常工作。 ( )

23. 数控机床长期停用容易出现后备电池失效的现象，从而使机床初始参数丢失或部分参数改变。因此要注意及时更换后备电池。 ( )

24. 当数控机床长期不用时，应经常给数控系统通电。在机床锁住不动的情况下，让其空运行，利用电器本身发热驱走数控柜内的潮气，以保证电子部件的性能稳定可靠。 ( )

25. 在炎热的夏季，车间温度高达 35℃以上，因此要将数控柜的门打开，以增加通风散热。 ( )

26. 二齿键槽铣刀不能垂直进刀。 ( )

27. 高速钢铣刀比硬质合金铣刀切削速度低。 ( )

28. BT40 刀柄比 BT50 刀柄尺寸型号要大。 ( )

29. 刀柄从数控铣床主轴上装拆常用气动装置。 ( )

30. 机床原点是机床一个固定不变的极限点。 ( )

31. 机床参考点是建立数控机床坐标系的依据。 ( )

32. 当数控机床失去对机床参考点的记忆时，必须进行返回参考点的操作。 ( )

33. 数控机床坐标系采用的是右手笛卡儿直角坐标系。 ( )

34. 数控铣床规定 Z 轴正方向为刀具接近工件方向。 ( )

35. 确定机床坐标系时，先确定 X 轴，然后确定 Y 轴，再根据右手定则确定 Z 轴。 ( )

36. 机床回参考点的目的是建立工件坐标系。 ( )

37. 回参考点只能在 JOG 模式下进行。 ( )

38. 数控机床回参考点，一般应先回 Z 轴参考点，再回 X、Y 轴参考点。 ( )

39. 数控机床不回参考点也能正常工作。 ( )

40. 加工中心通电后手动回参考点时，若某轴在回参考点前已在参考点位置，这时此轴可不必再手动回参考点。 ( )

41. 程序字是由程序段组成的，可以使数控机床完成某种执行动作。 ( )

42. 平口钳装夹在铣床工作台上一般不需要找正。 ( )

43. 程序输入时不必输入程序名。 ( )

44. 程序名相同的程序也可输入数控机床中。 ( )

45. 数控机床在输入程序时，不论是何种数控系统，坐标值不论是整数或小数都不必加入小数点。 ( )

46. M30 指令表示程序暂停。 ( )

47. 机床坐标系是人为建立的，工件坐标系是固定的。 ( )

48. 编制程序时一般以机床坐标系为编程依据。 ( )

49. 工件坐标系一般建立在工件上。 ( )

50. 数控机床报警后，不需立即解除报警，机床仍然可以运行。 ( )

51. 工件坐标系方向应与所用数控机床坐标系方向一致。 ( )

52. 在数控铣床上加工工件时，主轴可以反转。 ( )

53. G54、G55、G56、G57 等零点偏置指令功能完全一样，任意使用其中之一都不会影响零件的加工。 ( )

54. 在加工中心上，可以同时预置多个加工坐标系。 ( )

55. 当刀具（或工作台）移动位置超过机床行程开关位置时，就会发生超程报警。 ( )

三、选择题

1. 在机床型号 XK714 中，XK 的含义是________ 。

A. 数控机床　　B. 数控铣床　　C. 数控车床　　D. 加工中心

2. 数控机床加工零件是由________来控制的。

A. 数控系统　　B. 操作者　　C. 伺服系统

3. 立式数控铣床适宜加工________ 零件。

A. 高度方向尺寸相对较小　　B. 轴套类　　C. 特大型

4. 半闭环数控系统________ 。

A. 不具有反馈装置　　B. 带有角位移检测反馈装置

C. 带有直线位移检测反馈装置。

5. 在全闭环数控系统中，位置反馈量是________ 。

A. 机床的工作台位移　　B. 进给电动机角位移
C. 主轴电动机转角　　D. 主轴电动机转速

6. 闭环控制系统的位置检测装置装在________。
A. 传动丝杠上　　B. 伺服电动机主轴上
C. 机床的移动部件上　　D. 数控装置中

7. 开环和闭环控制系统的主要区别在于有无__________。
A. 数控装置　　B. 驱动装置　　C. 伺服装置　　D. 反馈装置

8. 闭环控制系统比开环控制系统及半闭环控制系统________。
A. 稳定性好　　B. 故障率低　　C. 精度低　　D. 精度高

9. 开环控制系统通常仅用于________数控机床。
A. 经济型　　B. 中、高档　　C. 精密

10. 测量与反馈装置的作用是为了________。
A. 提高机床的安全性　　B. 提高机床的使用寿命
C. 提高机床的定位精度、加工精度　　D. 提高机床的灵活性

11. 在半闭环数控系统中，位置反馈量是________。
A. 进给伺服电动机的转角　　B. 机床的工作台位移
C. 主轴电动机转速　　D. 主轴电动机转角

12. 大型加工中心采用________刀库。
A. 圆盘式　　B. 斗笠式　　C. 卧式

13. 以下几类零件中，最适合使用数控机床加工的是________。
A. 硬度特别高的　　B. 形状复杂的　　C. 批量特别大的　　D. 精度特别低的

14. 下列属于手动工作模式的是________。
A. AUTO　　B. MDI（A）　　C. JOG　　D. REF

15. 下列属于自动加工方式的是________。
A. JOG　　B. REPOS　　C. AUTOMATIC　　D. REFPOINT

16. 在手工编程的输入形式中，MDI 表示________。
A. 手动数据输入　　B. 数据自动输入　　C. 自动编程系统　　D. 进给速度代码

17. 在下面的功能键中，________为回参考点。
A. JOG　　B. REPOS　　C. AUTOMATIC　　D. REFPOINT

18. 在下面的功能键中，________是参数设置入口菜单的功能键。
A. POS　　B. PROG　　C. OFFSET SETTING　　D. MESSAGE

19. 在下面的功能键中，________是编辑程序入口菜单的功能键
A. POS　　B. PROG　　C. OFFSET SETTING　　D. MESSAGE

20. 停机时，铣床工作台应放在________位置。
A. 左端　　B. 右端　　C. 中间　　D. 任意

21. 数控机床开机后应空运转________min 以上，以使机床达到热平衡状态。
A. 1　　B. 5　　C. 20　　D. 60

22. 在下列四个原因中，除________以外，其余三个均可能造成机床参数的改变或丢失。

A. 数控系统后备电池失效　　B. 机床在运行过程中受到外界干扰

C. 操作者的误操作　　D. 电网电压的波动

23. 加工中心长期不用时要定期通电，其主要目的是________。

A. 减少机器的耗损，加大湿度

B. 预热机器，检测机器的灵敏度

C. 利用本身发热来避免电子元件受潮，检测存储器电源是否有电

D. 检查是否有机械故障

24. 在设备的维护保养制度中，________是基础。

A. 日常保养　　B. 一级保养　　C. 二级保养　　D. 三级保养。

25. 下列________装置需要每天进行检查。

A. 排屑　　B. 滚珠丝杠　　C. 液压油路　　D. 防护装置

26. 数控机床每次接通电源后，在运行前首先应做的是________。

A. 给机床各部分加润滑油　　B. 检查刀具安装是否正确

C. 机床各坐标轴回参考点　　D. 工件是否安装正确

27. 键槽铣刀一般有________个齿。

A. 2　　B. 3　　C. 4　　D. 5

28. 确定机床坐标系时，最先确定________，其次确定________，最后根据笛卡儿直角坐标系原则确定________。

A. X 轴　　B. Y 轴　　C. Z 轴　　D. C 轴

29. 数控机床绕 X 轴旋转运动的坐标轴是________。

A. A 轴　　B. B 轴　　C. C 轴　　D. D 轴

30. 数控机床编程时依据的点称为________。

A. 机床零点　　B. 机床参考点　　C. 工件零点

31. 机床 X 方向回零后，此时刀具不能再向________方向移动，否则易超程。

A. X +　　B. X -　　C. X + 或 X -

32. 数控机床有不同的运动形式，需要考虑工件与刀具的相对运动关系及坐标方向，编写程序时，应采用________的原则编写程序。

A. 刀具固定不动，工件移动

B. 铣削加工刀具固定不动，工件移动；车削加工刀具移动，工件不动

C. 分析机床运动关系后再根据实际情况

D. 工件固定不动，刀具移动

33. 数控机床坐标系采用的是________。

A. 左手坐标系　　B. 笛卡儿直角坐标系

C. 工件坐标系

34. 数控机床的 B 轴是绕________旋转的轴。

A. X 轴　　B. Y 轴　　C. Z 轴　　D. W 轴

35. 回参考点操作后需直线移动工作台，应切换成________工作模式。

A. AUTO　　B. MDI（A）　　C. JOG　　D. REF

36. 加工中心的刀柄________。

A. 是加工中心可有可无的辅具　　B. 与主机的主轴孔没有对应要求

C. 其锥柄已有相应的国际和国家标准　　D. 制造精度要求比较低

37. 立式数控铣床 Z 轴正方向为________。

A. 垂直向上　　B. 垂直向下　　C. 水平向右　　D. 水平向左

38. 在下列________情况下，数控机床需重回参考点。

A. 切换加工方式以后　　B. 更换加工零件以后

C. 更换刀具以后　　D. 按下急停旋钮以后

39. 用机用平口钳装夹工件时，必须使余量层________钳口。

A. 略高于　　B. 稍低于　　C. 大量高出　　D. 平齐于

40. M 代码中表示主轴停止的功能字是________。

A. M02　　B. M03　　C. M04　　D. M05

41. 常见的程序段格式为________。

A. 字-地址格式　　B. 分隔符程序段格式

C. 固定程序段格式　　D. 字母-数字格式

42. 以下________是法那克系统的程序名。

A. O022　　B. O0220　　C. O00220　　D. L2000

43. 构成程序字的最小单元是________。

A. 字母　　B. 数字　　C. 小数点　　D. 字符

44. 美国电子工业信息码的英文缩写是________。

A. ISO　　B. EAI　　C. EIA　　D. JB

45. 编程时应依据________坐标系进行。

A. 机床　　B. 工件　　C. 相对　　D. 绝对

46. 工件坐标系原点理论上________。

A. 可以任意设置　　B. 是固定不变的　　C. 与机床参考点重合

47. 数控机床报警后应________。

A. 继续操作　　B. 强行断电

C. 按复位键，停机后查找原因　　D. 不理睬

48. 数控立式铣床的主轴轴线平行于________。

A. X 轴　　B. Y 轴　　C. Z 轴　　D. C 轴

49. 若要消除报警，则需要按________键。

A. RESET　　B. HELP　　C. INPUT　　D. CAN

50. 限位开关在机床中起的作用是________。

A. 短路开关　　B. 过载保护　　C. 欠压保护　　D. 行程控制

51. 在下列条件中，________是单件生产的工艺特征。

A. 广泛使用专用设备　　B. 有详细的工艺文件

C. 广泛采用夹具进行安装定位　　D. 使用普通机床和通用刀具

52. 在机床程序开始运行时，机床不动作，不太可能的原因是________。

A. 机床处于“急停”状态　　B. 机床处于锁住状态

C. 未设程序原点　　D. 进给速度设置为零

53. 以下哪种情况发生时，通常加工中心并不报警________。

A. 润滑液不足　　B. 指令错误　　C. 机床振动　　D. 超程

54. 加工中心不能动作，可能的原因之一是________。

A. 润滑中断　　B. 冷却中断　　C. 未进行对刀　　D. 未解除急停状态

四、简答题

1. 简述数控铣床的加工特点及应用场合。

2. 简述数控铣床日常维护保养的内容。

3. 什么是机床坐标系？

4. 什么是机床参考点？在什么情况下机床应重新回参考点？

5. 法那克系统与西门子系统程序名各有何要求？

6. 什么是工件坐标系？数控铣床的工件坐标系如何建立？

7. 如果在操作中发生意外，可进行哪些操作？

8. 零件如图 1-1 所示，试建立其工件坐标系并说明理由。

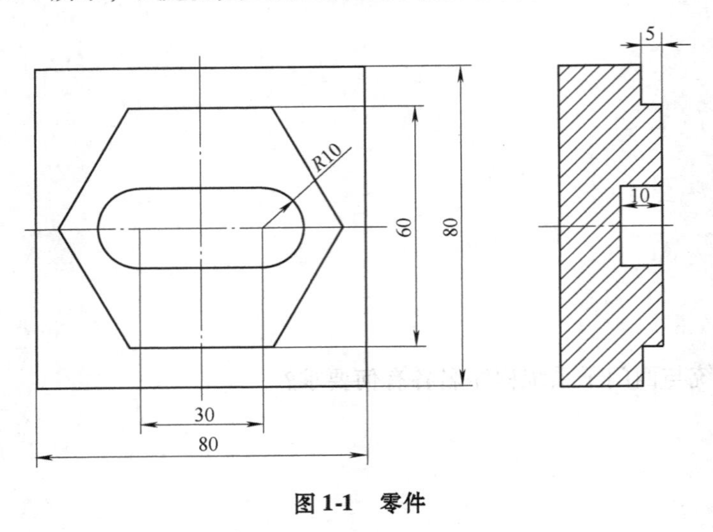

图 1-1　零件

9. 零件如图 1-2 所示，试建立其工件坐标系并说明理由。

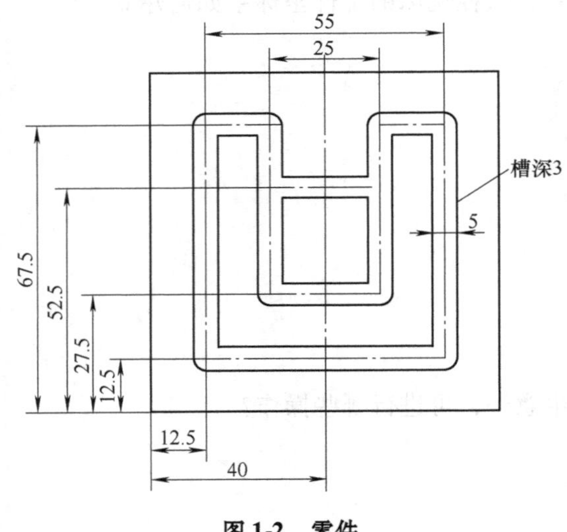

图 1-2　零件

模块二　平面图形加工

一、填空题

1. 数控机床七大类功能字是指__________、__________、________、________、________、____________、____________。

2. 顺序号字的地址是________，一般放在程序段________，它不代表程序执行顺序，仅用于程序的________和__________。

3. 数控铣床进给速度的单位一般为________。

4. 地址 F 表示____________，地址 T 表示______________。

5. G00 指令表示__________，一般用于__________场合；G01 指令表示________，常用于____________________场合。

6. G00 指令是使刀具以__________速度从刀具所在位置移动到________。

7. M08 指令表示__________，M09 指令表示____________。

8. G 代码有模态代码和非模态代码两种，________代码一经使用持续有效，直到被同组 G 代码取代为止。

9. 辅助功能指令表示机床辅助装置__________________，一般由__________________控制。

10. 准备功能指令是______________________________________一种命令。

11. 在 G00 X __ Y __ Z __指令格式中，X、Y、Z 表示____________________。

12. 使用 G00 指令快速接近工件时，刀具距工件表面应有______________mm 的安全距离。

13. 在 G01 X __ Y __ Z __ F __指令格式中，X、Y、Z 表示________________________，F 表示________________。

14. 基点是______________________，如工件轮廓上直线与直线间的________，直线与圆弧（圆弧与圆弧）间的____________________等，它是编程时重要数据。

15. 西门子系统采用复合地址时，地址与数值之间应用__________隔开。

16. 按下辅助功能锁住按钮时，__________代码被禁止输出，只是运行程序一遍。

17. 当需要垂直进刀时，应尽可能选择____________。

18. G17 平面是指________________面，G18 平面是指______________面，G19 平面是指____________面。

19. 数控立式铣床圆弧插补平面为____________平面。

20. G02 指令表示____________，G03 指令表示________________。

21. 铣削加工的切削用量包括________、________、________、________。

22. 在 G02/G03 X __ Y __ R（CR =）__ F __中，X、Y 表示____________，R（CR =）表示________________，F 表示______________________。

23. 在 G02/G03 X __ Y __ I __ J __ F __圆弧插补格式中，I 是指________________，J 是指______，F 是指____________。

24. 加工如图 2-1 所示的圆弧，刀具从点 A 加工至点 B，用终点坐标 + 半径格式，法那克系统程序为________________________，西门子系统程序为________________________，用终点坐标 + 圆心坐标格式编程则程序为________________________。

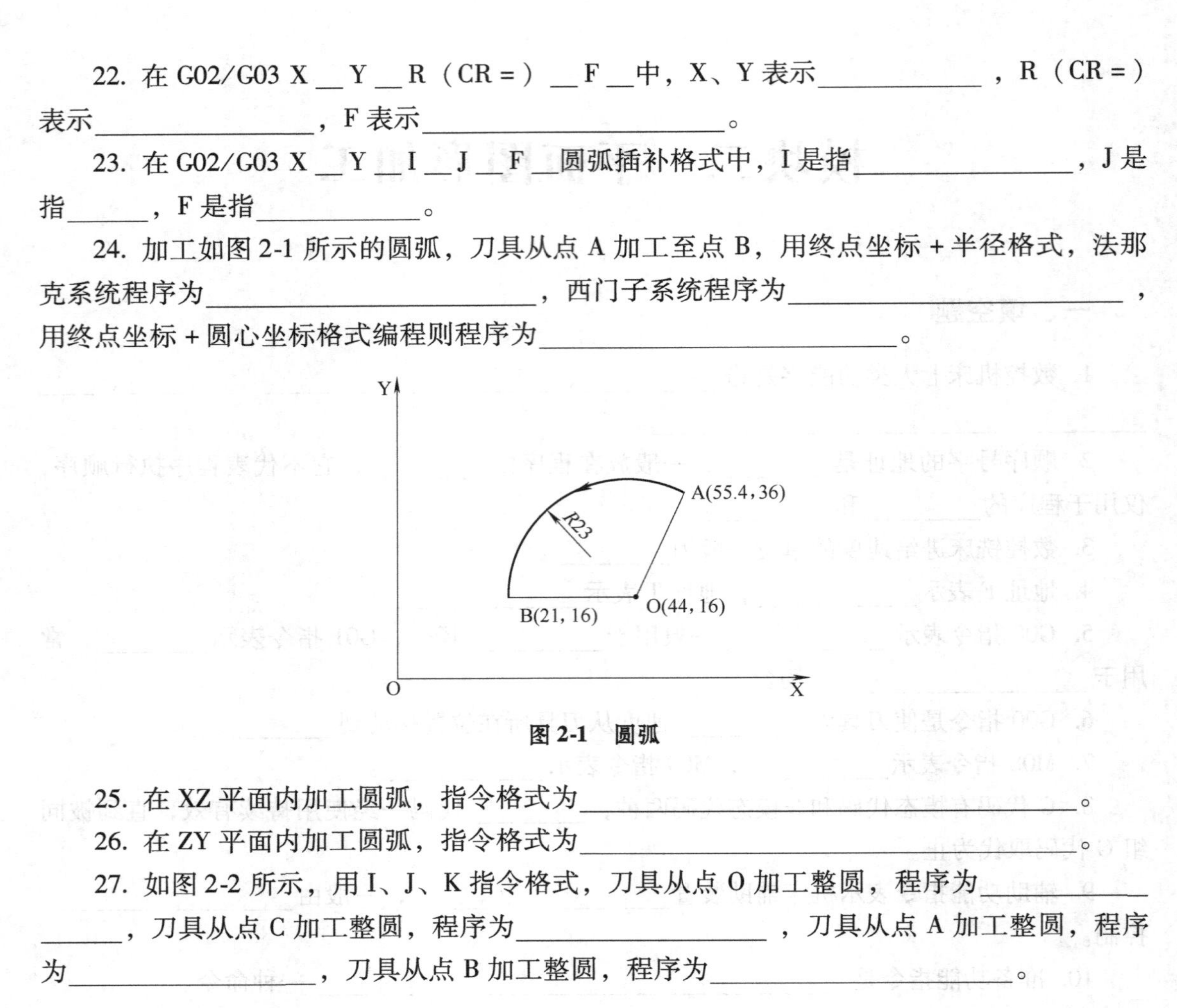

图 2-1　圆弧

25. 在 XZ 平面内加工圆弧，指令格式为________________________________。

26. 在 ZY 平面内加工圆弧，指令格式为________________________________。

27. 如图 2-2 所示，用 I、J、K 指令格式，刀具从点 O 加工整圆，程序为____________，刀具从点 C 加工整圆，程序为____________________，刀具从点 A 加工整圆，程序为________________，刀具从点 B 加工整圆，程序为__________________。

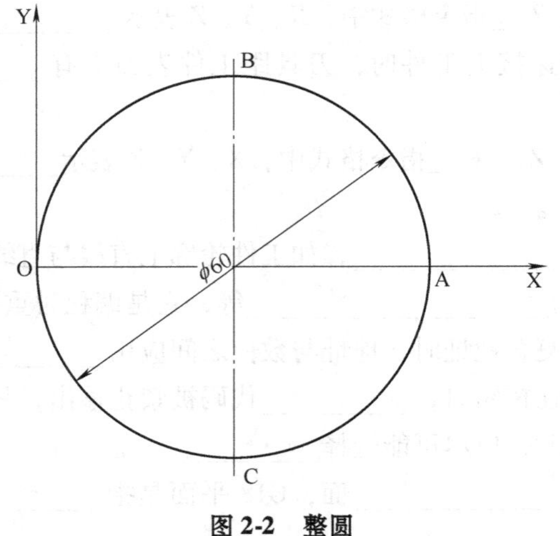

图 2-2　整圆

28. G90 指令表示____________，G91 指令表示________________。

29. 法那克系统除了可用 G91 指令，还可用______、________、________表示 X、Y、Z 方向的增量。

30. 绝对坐标编程是指输入的坐标点相对于____________而言，相对坐标编程是指输入的坐标值相对于____________________而言。

二、判断题

1. 程序段号在程序中可以不编写。 ( )
2. 程序段号表示程序的执行顺序。 ( )
3. 程序中不可插入无程序段号的程序段。 ( )
4. 在数控程序中，程序段号必须由小到大编写。 ( )
5. S600 表示每小时主轴转过 600 转。 ( )
6. M 指令表示机床辅助动作的接通和断开。 ( )
7. M00 指令可以使程序结束并自动回到开头。 ( )
8. M05 指令表示主轴停止。 ( )
9. 一个程序段内只允许有一个 M 指令。 ( )
10. M06 为切削液开指令。 ( )
11. 准备功能也叫 G 功能，它是使机床或数控系统建立起某种加工方式的指令。 ( )
12. 在数控程序中，一共指定了 G00 ~ G99 一百种 G 代码。 ( )
13. 由于执行了“ISO”标准，现在所有的数控功能指令代码得到了统一。 ( )
14. G01 与 G1、G00 与 G0 在大部分数控机床上的功能是相同的。 ( )
15. G00 快速进给速度不能由地址 F 指定，可用操作面板上的进给修调开关调整。 ( )
16. G00 指令后必须编写 F 指令。 ( )
17. 在含 G01 的程序段中，如不包含 F 指令，则机床不运动。 ( )
18. G 代码可以分为模态 G 代码和非模态 G 代码。 ( )
19. 模态 G 代码只在本程序段有效。 ( )
20. T、S 指令都是模态指令。 ( )
21. G00 是准备功能代码，表示快速定位。 ( )
22. G 指令都是模态的，M 指令都是非模态的。 ( )
23. 程序段有效指令表示指令只在本程序段中有效。 ( )
24. 在每段程序中，程序字的位置必须是固定不变的。 ( )
25. 对于程序段中的进给代码，如进给速度不变可以省略不写。 ( )
26. 在程序编制过程中，为使程序简洁，允许将多指令写在一个程序段内。 ( )
27. 自动加工零件时，不必关上防护门。 ( )
28. 每个程序段内只允许有一个 G 指令。 ( )
29. 编制程序时一般以机床坐标系零点为坐标原点。 ( )
30. 当机床运行至 M01 指令时，机床不一定停止执行以下的程序。 ( )
31. 垂直进给时，进给速度应较大；平面铣削时，进给速度应较小。 ( )
32. 基点是零件上相邻几何元素的交点或切点。 ( )

33. 机床必须处于 AUTO 或 MEM 工作模式才能实现单段运行。（ ）

34. 首件加工，最好采用单段模式进行，以防止事故发生。（ ）

35. 数控铣床空运行可快速运行程序，以检查程序错误。（ ）

36. 遇特殊情况按急停按钮后，机床不需要重回参考点，只需将急停按钮释放即可继续加工。（ ）

37. G17 平面通常是指 X/Y 平面。（ ）

38. 圆弧插补应先指定圆弧插补平面。（ ）

39. 在圆弧加工 G02、G03 指令中，R 值有正负之分。（ ）

40. 用 G02 或 G03 编制整圆时，不能用半径指令格式编程，必须用圆心坐标格式编程。（ ）

41. 编写圆弧加工程序，通常既可以用圆心指令格式编程，也可以用半径指令格式编程。（ ）

42. 在数控加工中，如果圆弧指令后的半径遗漏，刀具将按直线加工指令执行。（ ）

43. 圆弧插补用半径指令格式编程，当圆弧所对应的圆心角小于 180°时，半径取负值。（ ）

44. G01 指令和 G03 指令可编写在同一程序段中。（ ）

45. 圆弧插补指令格式中必须跟 F 指令，否则刀具将不移动。（ ）

46. G17 G02 X90 Y40 CR=52 F60；是法那克系统圆弧插补指令格式。（ ）

47. 从不在圆弧插补平面的坐标轴正方向往负方向看，顺时针用 G03，逆时针用 G02。（ ）

48. 在圆弧插补指令格式中，法那克系统与西门子系统圆心坐标的编程格式是相同的。（ ）

49. 在立式数控铣床中，也可以进行 Z/Y 或 X/Z 平面内圆弧插补。（ ）

50. 数控编程中既可以用绝对坐标编程，也可以用相对坐标编程。（ ）

51. G91 G02/G03 X__ Y__ I__ J__ K__ F__；程序是正确的。（ ）

52. 绝对坐标是相对机床坐标原点而言的，相对坐标是相对工件原点而言的。（ ）

53. G90 指令是续效代码，G91 指令是程序段有效代码。（ ）

54. 法那克系统程序 G01 X50 X-29 F60；是允许的。（ ）

55. 编制数控程序时，坐标值也可以写成函数表达式形式。（ ）

56. 进行对刀操作时，必须先对 X 轴，再对 Y 轴，最后对 Z 轴。（ ）

57. 数控仿真软件可以模拟真实数控加工情况进行编程、操作训练。（ ）

三、选择题

1. 下列选项中属于程序段号作用的是________。

A. 便于对指令进行校对、检索、修改　　B. 解释指令的含义

C. 确定坐标值　　D. 确定刀具的补偿量

2. 下列字符不属于尺寸字地址的是________。

A. I、J、K　　B. X、Y、Z　　C. A、B、C　　D. T、M、G

3. 数控铣床（加工中心）进给速度单位一般用________。

A. mm/s　　B. mm/min　　C. mm/r　　D. mm/h

4. F152 表示________。

A. 主轴转速为 152r/min　　B. 主轴转速为 152mm/min

C. 进给速度为 152r/min　　D. 进给速度为 152mm/min

5. S1000 表示主轴转速为 1000 ________。

A. r/s　　B. r/min　　C. r/h　　D. 无单位

6. 快速点定位指令格式中的 X、Y、Z 是指刀具移动________坐标。

A. 起始点　　B. 目标点　　C. 中点　　D. 任意点

7. 数控机床的 T 指令是指________。

A. 主轴功能　　B. 辅助功能　　C. 进给功能　　D. 刀具功能

8. 下列指令属于准备功能字的是________。

A. G01　　B. M08　　C. T01　　D. S500

9. 下列代码中与 M01 功能相同的是________。

A. M00　　B. M02　　C. M03　　D. M30

10. 关闭切削液用________代码编程。

A. M03　　B. M05　　C. M08　　D. M09

11. 数控机床主轴以 800r/min 的转速正转时，其指令应是________。

A. M03 S800　　B. M04 S800　　C. M05 S800

12. 以下指令不是续效代码的是________。

A. G00　　B. G01　　C. G02　　D. G04

13. 刀具退刀过程中应使用________指令。

A. G00　　B. G01　　C. G02　　D. G03

14. 程序段有效指令________。

A. 在本程序段中有效　　B. 在本程序中有效

C. 在本程序段中无效　　D. 在本程序段之后有效

15. 单段程序加工模式一次只运行________加工。

A. 一个程序功能字　B. 一个程序段　　C. 一个程序

16. 各几何元素间的连接点称为________。

A. 基点　　B. 节点　　C. 交点

17. 数控编程是指________。

A. 从零件图的分析到编制加工工艺的整个过程

B. 从零件图的分析到编制程序单的整个过程

C. 从零件图的分析到制成控制介质的全过程

D. 从零件图的分析到选择工艺装备的过程

18. 程序单段运行不能在________工作模式下进行。

A. JOG　　B. MDI　　C. AUTO

19. 根据加工零件图样选定的编制零件程序的原点是________。

A. 机床原点　　B. 编程原点　　C. 参考点　　D. 刀具原点

20. 进行数控编程时，应首先设定________。

A. 机床原点　　B. 机床参考点　　C. 机床坐标系　　D. 工件坐标系

21. 数控系统中的 G54 与下列________代码的用途相同？

A. G03　　B. G50　　C. G56　　D. G01

22. 数控立式铣床的默认加工平面是________。

A. X/Y 平面　　B. X/Z 平面　　C. Y/Z 平面

23. G18 平面是指________。

A. X/Y 平面　　B. X/Z 平面　　C. Z/Y 平面

24. 在程序段 G03 X60 Z－30 I0 K－30 中，I、K 表示________。

A. 圆弧终点坐标　　B. 圆弧起点坐标

C. 圆心相对圆弧起点的增量　　D. 圆心相对圆弧终点的增量

25. 指令 G02 X __ Y __ R __；不能用于________的加工。

A. $\frac{1}{4}$圆　　B. $\frac{1}{2}$圆　　C. $\frac{3}{4}$圆　　D. 整圆

26. 当加工圆心角大于 180° 的圆弧时，圆弧插补半径指令格式中 R（CR＝）为________。

A. 正值　　B. 0　　C. 负值　　D. 任意

27. 在相同条件下，圆弧加工的进给速度应比直线加工的进给速度________。

A. 大　　B. 小　　C. 一样

28. 建立机床坐标系与工件坐标系之间关系的指令是________。

A. G34　　B. G54　　C. G04　　D. G94

29. 加工中心的刀具由________管理。

A. 可编程序控制器　B. 刀库　　C. 压力装置　　D. 自动解码器

30. 加工中心编程与数控铣床编程的主要区别在于________不同。

A. 指令格式　　B. 换刀程序　　C. 宏程序　　D. 指令功能

31. 基点绝对坐标是相对于________坐标系而言的。

A. 机床　　B. 工件　　C. 相对　　D. 参考点

32. 以下表示绝对坐标的指令是________。

A. U　　B. W　　C. G90　　D. G91

33. 刀具起点坐标为（32，54），执行程序 G91 G01 X12 Y0 F60；则刀具移动距离为________mm。

A. 32　　B. 0　　C. 12　　D. 44

34. 采用相对坐标编程，输入点坐标是相对于________位置的增量值。

A. 工件原点　　B. 机床参考点　　C. 刀具起点　　D. 刀具终点

四、简答题

1. 什么是G00指令？它常用在什么场合？

2. 什么是G01指令？它常用在什么场合？

3. 如何判别圆弧插补方向？

4. 什么是绝对坐标？

5. 什么是相对坐标？

五、编程题

1. 如图 2-3 所示的三角形深 1mm，材料为 2A16，刀具从点 A 加工至点 B、点 O。试编写其法那克系统与西门子系统数控加工程序，并填写在表 2-1 中。

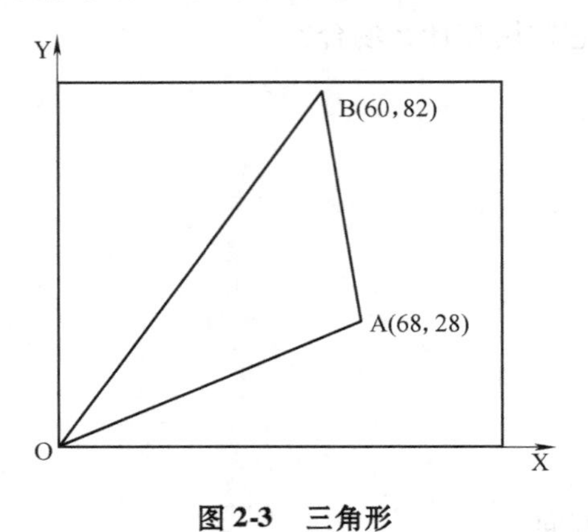

图 2-3　三角形

表 2-1　三角形数控加工程序

程序段号	法那克系统程序内容	西门子系统程序内容	指 令 含 义

2. 用直径为 $\phi5$mm 的高速钢键槽铣刀加工如图 2-4 所示的字母，深为 1mm。试编写法那克系统与西门子系统数控加工程序，并填写在表 2-2 中。

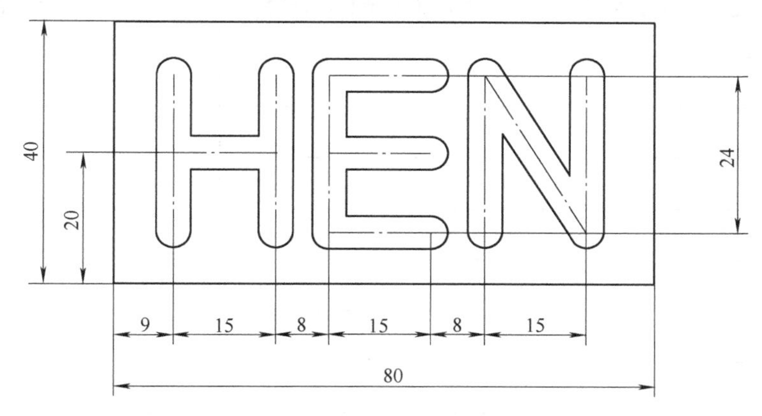

图 2-4 字母

表 2-2 字母数控加工程序

程序段号	法那克系统程序内容	西门子系统程序内容	指令含义

（续）

程序段号	法那克系统程序内容	西门子系统程序内容	指令含义

3. 加工图2-5所示的形状，刀具起刀点在点D，图形深为1mm，垂直进给速度为50mm/min，表面加工进给速度为100mm/min。试分别用绝对坐标、相对坐标编写刀具从点A加工至点B，再加工至点C的数控加工程序，并填写在表2-3中。

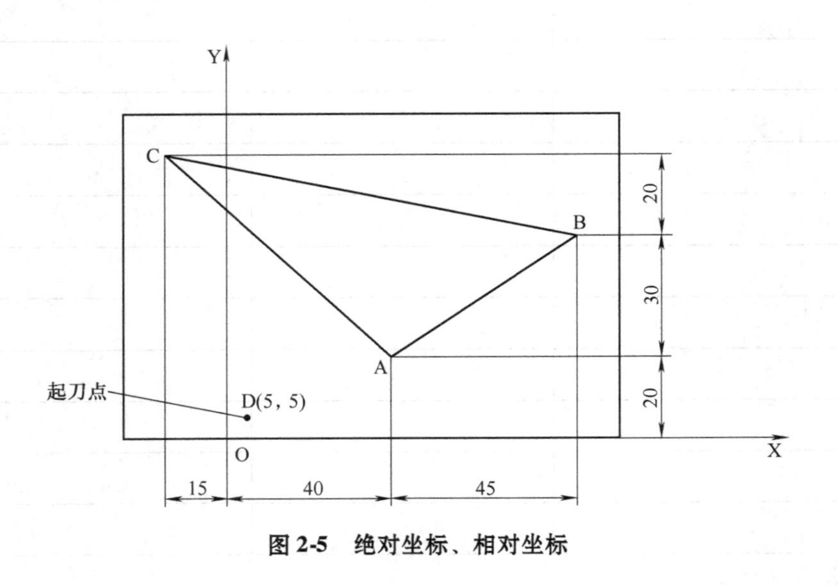

图2-5　绝对坐标、相对坐标

表 2-3　绝对坐标、相对坐标数控加工程序

程序段号	绝对坐标编程	相对坐标编程	指令含义

4. 用直径为 ϕ5mm 的高速钢键槽铣刀加工图 2-6 所示的圆弧槽。试编写其法那克系统与西门子系统数控加工程序，并填写在表 2-4 中。

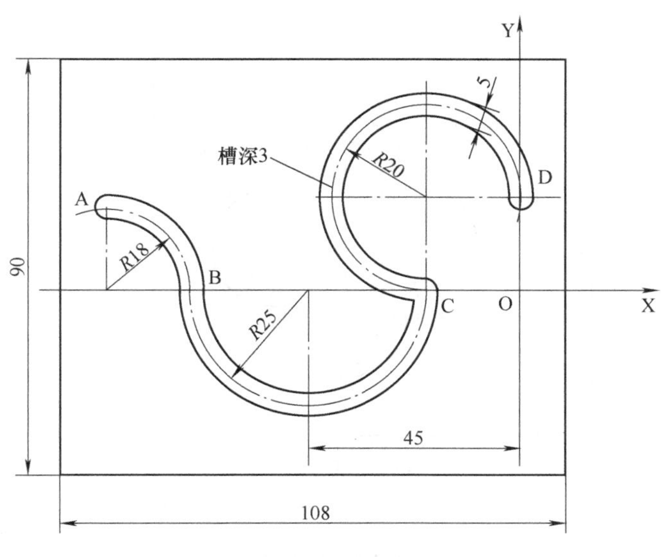

图 2-6　圆弧槽

表 2-4　圆弧槽数控加工程序

程序段号	法那克系统程序	西门子系统程序	指 令 含 义

5. 用直径为 ϕ5mm 的高速钢键槽铣刀加工如图 2-7 所示的梅花槽，材料为 2A16。试编写其法那克系统与西门子系统数控加工程序，并填写在表 2-5 中。

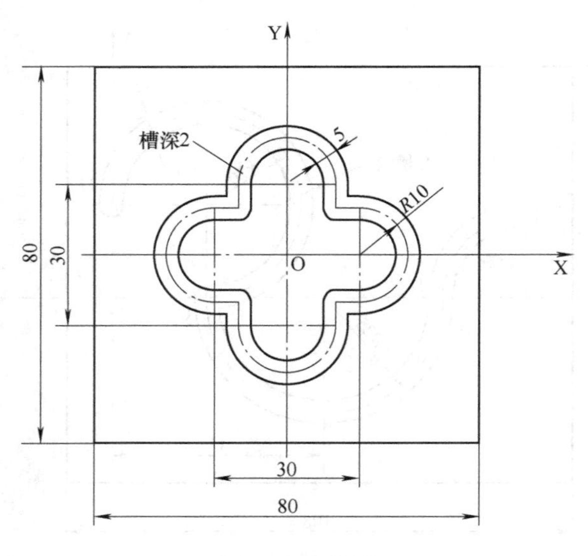

图 2-7　梅花槽

表 2-5 梅花槽数控加工程序

程序段号	法那克系统程序	西门子系统程序	指 令 含 义

模块三 孔 加 工

一、填空题

1. 法那克系统刀具正向长度补偿指令是________，负向长度补偿指令是______，取消长度补偿指令是__________。

2. 法那克系统刀具长度补偿值放在地址______中，从____到____共有100个。

3. 西门子系统一把刀具最多可设置________个刀沿号，其中D0值为______。

4. 西门子系统调用该刀具及其刀沿号时即调用____________长度补偿。如果程序中未指定刀具刀沿号，则______刀沿号自动生效。

5. 钻孔前需用____________（刀具）钻中心孔，以便于麻花钻定心。

6. 调用钻孔循环前，应使用__________指令使主轴正转。

7. 在法那克系统钻孔循环指令G82 X __ Y __ Z __ R __ F __ P __ K __中，X、Y表示____，Z表示______，F表示________，P表示____________。

8. 西门子802D系统钻孔循环CYCLE82参数中，返回平面RTP采用__________，参考平面RFP采用________，安全距离SDIS __________（填“绝对坐标”或“无符号”）。

9. 法那克系统取消固定循环指令是______________。

10. 钻深孔时，钻头钻至一定深度需____________或____________，以便于断屑或排屑。

11. 法那克系统G98指令表示________________，G99指令表示________________。

12. 在法那克系统深孔钻削循环指令G83 X __ Y __ Z __ R __ Q __ F __ P __ K __中，Q表示________，F表示______________。

13. 西门子802D系统深孔钻削循环CYCLE83指令中，起始钻孔深度FDEP采用______，相对于参考平面的起始钻孔深度FDPR采用________，递减量DAM采用________（填“绝对坐标”或“无符号”）。

14. 当钻头直径________时，采用直柄麻花钻；当钻头直径______时，采用锥柄麻花钻。

15. 长径比____________时为深孔。

16. 深孔加工因________和________困难，需多次分层钻削。

17. 铰孔尺寸精度可达__________，表面粗糙度值最小可达__________。

18. 铰孔所用的刀具为__________，其__________部分主要起铰削作用，________部分起定位、修光作用。

19. 在数控铣床上铰孔时，用____________指令使铰刀切削至孔底，铰刀从孔底退出时应使用____________指令。

20. G04为__________指令。

21. 法那克系统子程序命名规则与主程序________________，西门子系统子程名跟扩展名__________以示和主程序的区别。

22. 对于________________________，可编写子程序。

23. 法那克系统 M98 P32233 表示连续调用程序名为______________________的子程序________次。

24. 法那克系统子程序结束指令为______，西门子系统子程序结束指令为________。

25. 顺铣是指________________________，逆铣是指___________________________。其中____________的，刀具磨损小，表面质量好。

26. 镗孔一般用于_________________。

27. 在法那克系统镗孔指令格式 G85 X__Y__Z__R__F__K__中，X、Y 表示__________，Z 表示________，R 表示________，F 表示______。

28. 西门子 802D 系统镗孔循环指令中，参数 FFR 含义是________，RFF 含义是____________。

29. 法那克系统精镗孔循环指令为__________。

30. 在法那克系统加工螺纹循环指令 G84 X__Y__Z__R__P__F__K__中，Z 表示________，P 表示________，F 表示________。

31. 在数控铣床上攻螺纹，主轴应为____________。

32. 攻螺纹时使用的刀具是____________。

33. 圆盘或圆孔类零件 X、Y 方向对刀，应使主轴与圆盘或圆孔轴线__________。

34. 加工 M10 螺纹，西门子 802D 系统攻螺纹循环 CYCLE84 中如输入参数 MPIT，则其值为__________；若输入参数 PIT，则其值为________。

35. 调用西门子螺纹加工循环攻螺纹时，刀具应处于____________位置。

36. 加工 M10 螺纹，材料为 45 钢，则攻螺纹前底孔直径为__________。

二、判断题

1. 法那克系统可用 H0 替代 G49 指令取消刀具长度补偿。 ( )
2. 法那克系统与西门子系统均可用长度补偿指令调用长度补偿。 ( )
3. 法那克系统调用钻孔、钻深孔循环时，刀具不一定处于钻孔位置。 ( )
4. 西门子系统调用钻孔、钻深孔循环时，刀具不一定处于钻孔位置。 ( )
5. 在法那克系统孔加工循环中，G98 指令表示刀具将退至 R 平面。 ( )
6. 调用钻孔、钻深孔循环前应先指定主轴转速大小和方向。 ( )
7. 法那克系统钻深孔循环中的 F 值可以为正也可以为负。 ( )
8. 西门子 802D 系统深孔钻削循环 CYCLE83 指令中 VARI 为 1 表示断屑加工方式，为 2 表示排屑加工方式。 ( )
9. 钻深孔与钻孔过程的不同之处主要在于：钻头钻入一定深度后需暂停一定时间或退出一定距离，以便于断屑和排屑。 ( )
10. 直径小于 12mm 的钻头为锥柄。 ( )

11. 为保证钻头起钻时定心，钻孔前应先钻中心孔。 ( )

12. 铰孔常作为孔的粗加工方法之一。 ( )

13. 为提高铰削表面的质量，铰削时应加注适量润滑油。 ( )

14. 铰孔时用 G01 指令铰至孔底，退出时用 G00 指令快速退回。 ( )

15. 铰刀常用 45 钢制成。 ( )

16. 铰孔精度一般为 IT9 级，表面粗糙度值为 *Ra* 1.6 左右。 ( )

17. 铰孔常作为小孔的精加工方法。 ( )

18. 铰削铸件时可浇注煤油。 ( )

19. 一个主程序中只能调用一个子程序。 ( )

20. 主程序可以在适当位置调用子程序，子程序则不可以再调用其他子程序。 ( )

21. 一个主程序调用另一个主程序称为主程序嵌套。 ( )

22. 子程序的编写方式必须是增量方式。 ( )

23. 子程序可以嵌套三层四个界面。 ( )

24. 主程序与子程序的程序名是相同的。 ( )

25. 固定循环属于子程序的一种。 ( )

26. 法那克系统用 M98 指令结束子程序并返回，西门子系统用 M17 指令结束子程序并返回。 ( )

27. 顺时针方向铣孔为顺铣，逆时针方向铣孔为逆铣。 ( )

28. 顺铣时切削厚度由大变小，刀齿不存在滑行，刀具不易磨损。 ( )

29. 顺铣的表面质量低于逆铣的表面质量。 ( )

30. 镗孔常用于精加工直径较小的孔。 ( )

31. 微调镗刀转动一格，刀尖径向一般移动 0.10mm。 ( )

32. 相同情况下，镗刀杆越长，刚性越差。 ( )

33. 镗孔精度可达 IT7，表面粗糙度值可达 *Ra* 0.8mm。 ( )

34. 数控铣床中也可以调用 G82（或 CYCLE82）循环指令进行镗孔加工。 ( )

35. 对于圆孔、圆盘类零件，可采用百分表找正其圆心后再进行对刀。 ( )

36. 调用螺纹加工循环攻内螺纹时，机床主轴必须为伺服主轴。 ( )

37. 法那克系统调用攻螺纹循环前应指定主轴转速。 ( )

38. 法那克系统攻螺纹循环的指令是 G84。 ( )

39. 攻螺纹时主轴倍率开关无效。 ( )

40. 攻螺纹时进给倍率开关无效。 ( )

41. 攻螺纹时主轴正转，退出时主轴反转。 ( )

42. 法那克系统攻螺纹循环需指定螺纹导程值。 ( )

43. 调用攻螺纹循环攻螺纹，法那克系统与西门子系统刀具均应处于攻螺纹位置。( )

44. 螺纹底孔直径应小于其大径。 ( )

45. 如果攻螺纹前的底孔直径过小，会导致丝锥折断。 ( )

三、选择题

1. 下列选项中，________是起钻孔定位和引导作用的。
   A. 麻花钻　　B. 中心钻　　C. 扩孔钻　　D. 锪钻
2. 法那克系统刀具长度正补偿指令是________。
   A. G43　　B. G44　　C. G49　　D. H0
3. 西门子系统指令 T2 D2 是指调用________。
   A. D1 刀沿号中补偿　　B. D2 刀沿号中补偿
   C. T2 号刀具 D2 刀沿号中补偿　　D. T2 号刀具 D1 刀沿号中补偿
4. 在法那克系统加工中心中，用于深孔加工的代码是________。
   A. G81　　B. G82　　C. G83　　D. G86
5. 西门子 802D 系统，用于深孔加工的代码是________。
   A. CYCLE81　　B. CYCLE82　　C. CYCLE83　　D. CYCLE86
6. G99 指令是指刀具返回________平面。
   A. 初始平面　　B. R 平面　　C. 参考平面　　D. 绝对平面
7. 西门子 802D 系统孔加工循环中，RFP 表示__________
   A. 安全距离　　B. 最后钻深　　C. 孔底停留时间　　D. 参考平面
8. 西门子 802D 系统钻孔循环中，DP 表示__________
   A. 孔深度　　B. 孔底绝对坐标　　C. 孔底停留时间　　D. 孔底相对深度
9. 钻深孔时，断屑方式是指________。
   A. 钻入一定深度后，钻头退出一定距离后再次钻孔
   B. 钻入一定深度后，停留一定时间后再次钻孔
   C. 钻至孔底停留一定时间，退出
10. 下列代码中，属于刀具长度补偿的代码是________ 。
    A. G41　　B. G42　　C. G43　　D. G40
11. 下列代码中，用于取消刀具长度补偿的代码是________。
    A. G40　　B. G49　　C. G43　　D. G42
12. 下列代码中，与切削液有关的代码是________。
    A. M02　　B. M04　　C. M06　　D. M08
13. 小孔精加工常采用的加工方法是________。
    A. 钻孔　　B. 镗孔　　C. 铰孔　　D. 扩孔
14. 铰孔常采用的切削液是________。
    A. 切削油　　B. 乳化液　　C. 煤油　　D. 水溶液
15. 起控制铰孔直径、表面质量的部分是________。
    A. 引导部分　　B. 切削部分　　C. 修光部分　　D. 倒锥部分
16. 在下列指令中，具有非模态功能的指令是________。
    A. G40　　B. G43　　C. G04　　D. G49

17. 在法那克系统中，指令 G04 P5 表示暂停时间为 5 ________ 。

A. s　　B. ms　　C. μm　　D. min

18. 暂停 5s，下列指令正确的是________。

A. G04 X5000　　B. G04 X500　　C. G04 X50　　D. G04 X5

19. 在西门子系统中，G04 S5 表示________。

A. 暂停 5s　　B. 暂停 5min　　C. 暂停主轴转 5r 的时间

20. 子程序可以嵌套________层。

A. 一　　B. 二　　C. 三　　D. 四

21. 在法那克系统铣床加工程序中，调用子程序的指令是________。

A. G98　　B. G99　　C. M98　　D. M99

22. 法那克系统铣床调用 O0020 子程序，则以下________是正确的。

A. M98 O0020　　B. M98 P0020　　C. M98 0020　　D. M98 PO0020

23. 西门子系统调用子程序 L10. SPF，正确的是________。

A. N50 L1　　B. N50 L10　　C. N50 L10. SPF　　D. N50 L1. SPF

24. 加工________的零件可编写子程序。

A. 相同　　B. 相似　　C. 相同结构　　D. 相似结构

25. 铣削表面有硬皮和杂质的毛坯件应采用________。

A. 顺铣　　B. 逆铣　　C. 顺铣或逆铣

26. 顺时针方向铣孔为________。

A. 顺铣　　B. 逆铣　　C. 对称铣

27. 刀齿磨损小，表面质量高的是________。

A. 顺铣　　B. 逆铣　　C. 都可以

28. 孔径较大孔的精加工常采用的加工方法是________ 。

A. 钻孔　　B. 镗孔　　C. 铰孔　　D. 扩孔

29. 法那克系统镗孔指令是________。

A. G82　　B. G83　　C. G84　　D. G85

30. 法那克系统用于精镗孔的指令是________。

A. G76　　B. G85　　C. G86　　D. G87

31. 西门子 802D 系统镗孔循环指令是__________。

A. CYCLE76　　B. CYCLE85　　C. CYCLE84　　D. CYCLE83

32. 法那克系统螺纹加工循环指令是________。

A. G83　　B. G84　　C. G85　　D. G86

33. 西门子 802D 系统螺纹加工循环指令是______ 。

A. CYCLE83　　B. CYCLE84　　C. CYCLE85　　D. CYCLE86

34. 在法那克系统攻螺纹循环指令中，________参数与螺纹导程值有关。

A. R　　B. P　　C. F　　D. K

35. 西门子 802D 系统攻螺纹循环指令中，______________ 表示螺纹导程。

A. DP　　B. MRIT　　C. DPR　　D. PIT

36. 加工 M12 螺纹，底孔直径为________mm。

A. ϕ13. 3　　B. ϕ12　　C. ϕ10. 3　　D. ϕ9. 7

四、简答题

1. 钻孔与钻深孔的工艺有何不同?

2. 在数控铣床上铰孔应注意哪些问题?

3. 简述法那克系统与西门子系统的子程序如何调用。

4. 简述顺铣、逆铣的加工特点及适用场合。

5. 镗 $\phi32^{+0.052}_{0}$mm 孔，镗刀杆直径为 $\phi19.98$mm，镗刀头伸出长度应为多少？为什么？

6. 图 3-1 为圆盘零件对刀示意图，简述其对刀步骤。

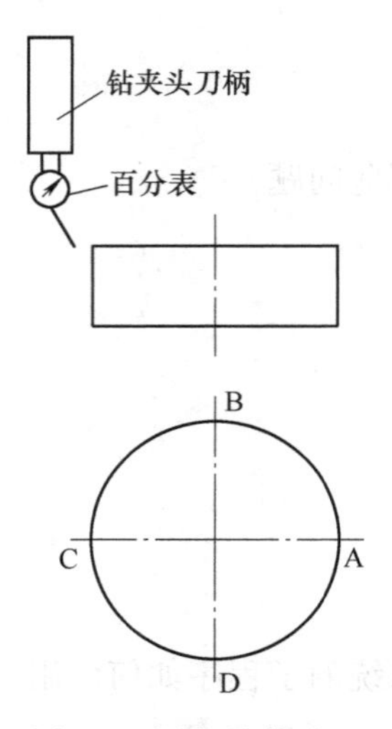

图 3-1　圆盘零件对刀

7. 在数控铣床上攻内螺纹应注意哪些问题？

五、编程题

1. 钻如图 3-2 所示的九个孔，材料为 2A16。试编写法那克系统与西门子系统数控加工程序，并填写在表 3-1 中。

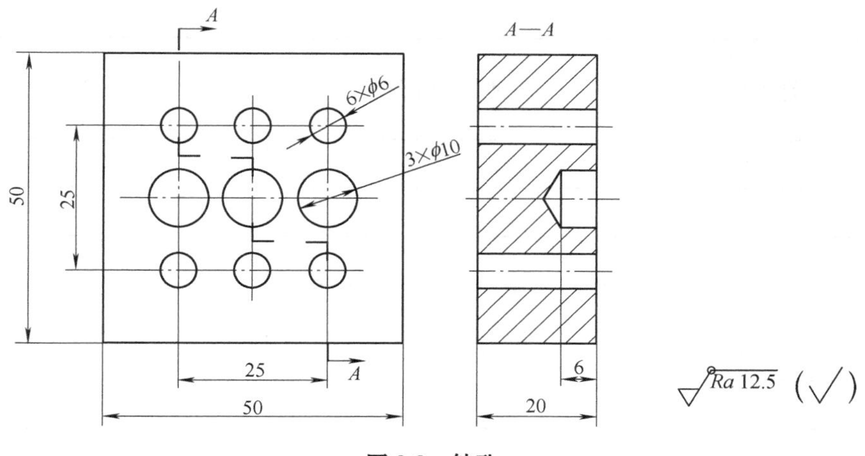

图 3-2　钻孔

表 3-1　钻孔数控加工程序

程序段号	法那克系统程序	西门子系统程序	指令含义

（续）

程序段号	法那克系统程序	西门子系统程序	指 令 含 义

2. 铰如图 3-3 所示的孔，材料为 2A16。试编写其法那克系统与西门子系统数控加工程序，并填写在表 3-2 中。

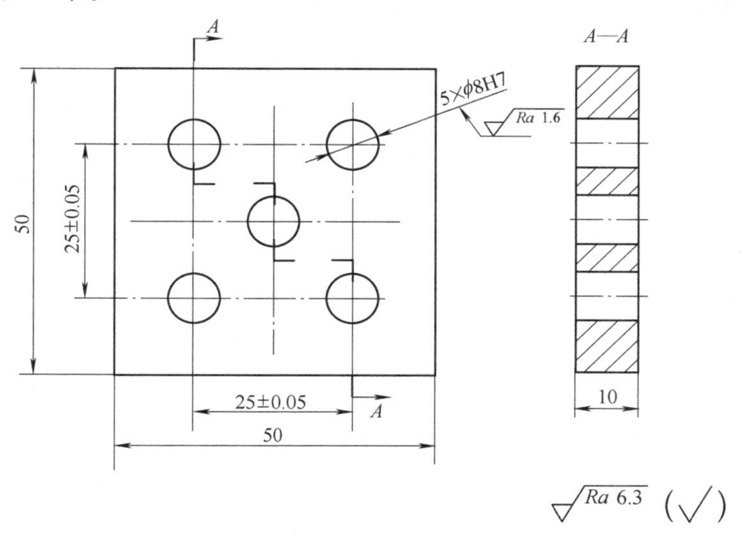

图 3-3　铰孔

表 3-2　铰孔数控加工程序

程序段号	法那克系统程序	西门子系统程序	指 令 含 义

（续）

程序段号	法那克系统程序	西门子系统程序	指 令 含 义

3. 铣如图 3-4 所示的孔，材料为 2A16，铣刀直径为 ϕ8mm。试用子程序编写法那克系统与西门子系统数控加工程序，并填写在表 3-3、表 3-4 中。

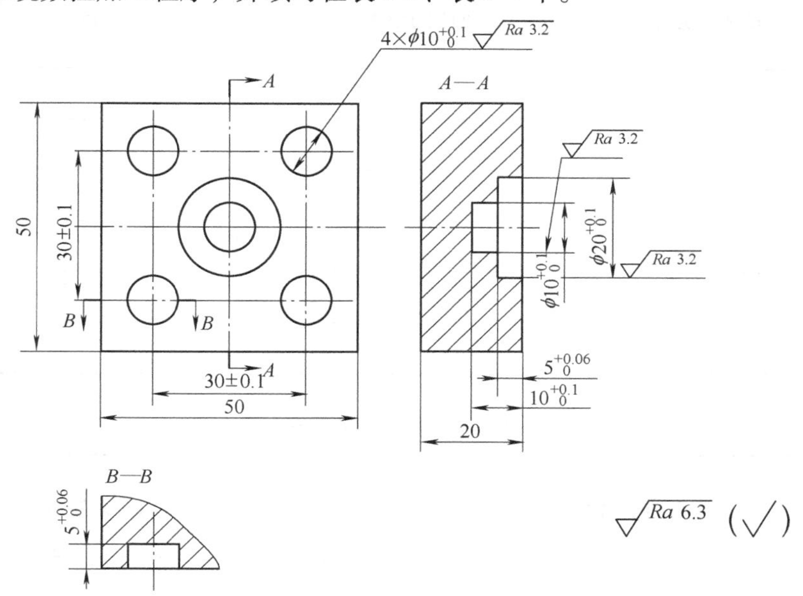

图 3-4 铣孔

表 3-3 铣孔数控加工程序

程序段号	法那克系统程序	西门子系统程序	指令含义

（续）

程序段号	法那克系统程序	西门子系统程序	指令含义

表 3-4　孔加工子程序

程序段号	法那克系统程序	西门子系统程序

4. 镗如图 3-5 所示的孔，材料为 2A16。试编写法那克系统与西门子系统数控加工程序，并填写在表 3-5 中。

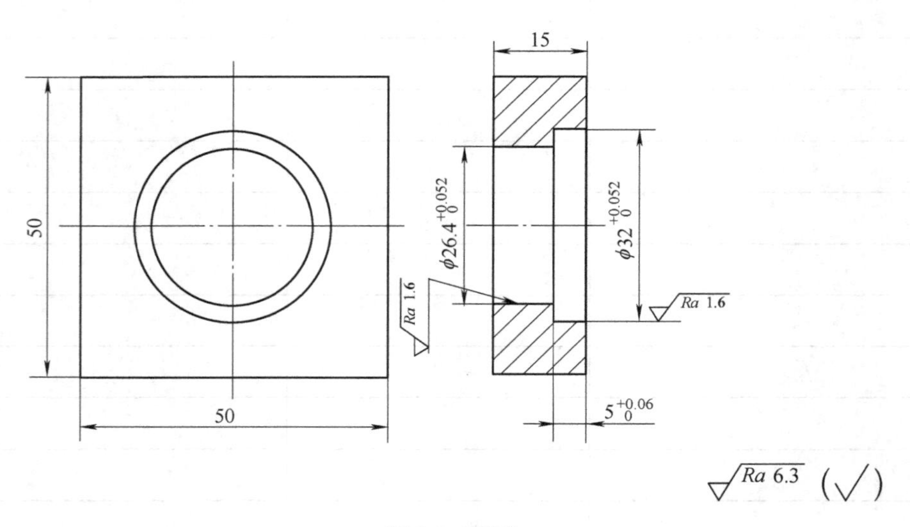

图 3-5　镗孔

表 3-5　镗孔数控加工程序

程序段号	法那克系统程序	西门子系统程序	指 令 含 义

（续）

程序段号	法那克系统程序	西门子系统程序	指 令 含 义

5. 加工如图 3-6 所示的螺纹，材料为 2A16。试编写法那克系统与西门子系统数控加工程序，并填写在表 3-6 中。

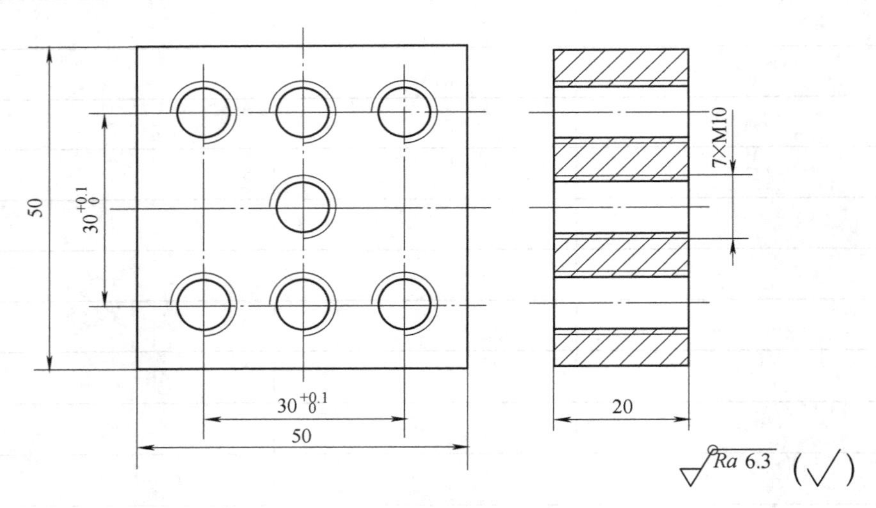

图 3-6　攻螺纹

表 3-6　攻螺纹数控加工程序

程序段号	法那克系统程序	西门子系统程序	指 令 含 义

（续）

程序段号	法那克系统程序	西门子系统程序	指令含义

（续）

程序段号	法那克系统程序	西门子系统程序	指令含义

模块四　轮廓加工

一、填空题

1. 西门子系统米制尺寸输入设定指令是______，英制尺寸输入设定指令是____ 。

2. 法那克系统米制尺寸输入设定指令是______，英制尺寸输入设定指令是____ 。

3. G94 指令表示______________________，G95 指令表示____________________。

4. 数控铣床进给速度为 150mm/min，主轴转速为 1000r/min，则铣刀每转进给量为__________；若采用二齿立铣刀，则每齿进给量为_________ 。

5. 铣削平面应选用____________铣刀。

6. 在立式铣床上，面铣刀平面铣削方式可分为_____________和___________ 两种，其中______________ 方式切入角大于切出角。

7. 平面铣削加工路径有__________、__________、________ 三种，其中__________进给路径常用于平面的精加工。

8. 数控铣床上零件的几何公差主要依靠______________________来保证。

9. 铣削大平面时，铣刀需多次往返切削，往返切削时每两刀之间行距一般为铣刀直径的______ 倍。

10. 法那克系统倒角指令格式为 G01 X __ Z __，C __个，其中 X、Z 是指__________ ，C 表示_________________________。

11. 西门子系统倒角指令格式为 G01 X __ Z __ CHF = __个，其中 X、Z 是指_________ ，CHF 表示___________________ 。

12. 法那克系统倒圆指令格式 G01 X __ Z __，R __个，其中 R 表示________________。

13. 西门子系统倒圆指令格式 G01 X __ Z __ RND = __个，其中 RND 表示________________。

14. G41 指令的含义是__________________，G42 指令的含义是______________ ，G40 指令的含义是________________。

15. 建立或取消刀具半径补偿应在 ________________指令中完成。

16. 使用刀具半径补偿指令时，只有在机床对应刀具号中输入________ ，刀具在运行中才会执行刀具半径补偿。

17. 法那克系统中的 G28 指令表示__________ ，G29 指令表示____________。

18. 法那克系统需经____________回参考点，西门子系统可____________ 回参考点。

19. 西门子系统中的 G74 表示_________________，G75 表示________________。

20. 加工内轮廓时，刀具半径应____________内轮廓最小圆弧半径，否则会发生干涉现象。

21. 加工内轮廓的进给路线有__________、__________、__________三种，轮廓精加工应采用__________才能获得较好的表面质量。

22. 加工型腔类零件的最佳进给方式是__________进给。

23. 使用刀具半径补偿指令时，若机床中刀具半径参数值为正值，则刀具沿工件外轮廓运行；若将机床中刀具半径参数输入负值，则刀具将沿工件__________运行。

24. 加工内轮廓时，刀具半径为5mm，精加工余量为0.2mm；用设置机床刀具半径值进行粗加工，则粗加工时机床刀具半径值为________ mm。

25. 用CAD软件辅助查找基点坐标时，工件坐标系原点应与CAD软件原点______。

二、判断题

1. 米、英制尺寸设定指令为非模态代码。（ ）

2. G21指令是西门子系统米制尺寸输入指令。（ ）

3. 米制/英制尺寸输入指令转换后，增量进给单位制不变。（ ）

4. 每分钟进给量与每转进给量的关系为 $v_f = nf$。（ ）

5. G95表示每分钟进给量。（ ）

6. 法那克系统数控铣床的进给方式分为每分钟进给和每转进给两种，一般可用G96和G97区分。（ ）

7. 数控铣床进给速度常采用mm/r。（ ）

8. 端面盘铣刀一般都采用高速钢刀片。（ ）

9. 端面铣削中的不对称顺铣对刀具影响最大。（ ）

10. 面铣刀对称铣削时的切入角等于切出角。（ ）

11. 往复平行铣削效率最高。（ ）

12. 铣削平面时，铣削行距应小于铣刀直径。（ ）

13. 铣削零件时，平面与平面间的平行度及垂直度要求主要通过零件定位夹装保证。（ ）

14. 倒圆、倒角指令是在一个轮廓的拐角处插入一个倒角或倒圆。（ ）

15. 倒角指令可以插入任意角度的倒角过渡。（ ）

16. 法那克系统倒角指令中的代码C与西门子系统倒角指令中代码CHF的含义相同，均指倒角部分长度。（ ）

17. 倒角指令中R（RND）都是指拐角圆弧半径。（ ）

18. 在平面切换过程中不能进行倒角、倒圆。（ ）

19. G41表示刀具半径右补偿，G42表示刀具半径左补偿。（ ）

20. 刀具补偿的建立就是在刀具从起点接近工件时，刀具中心从与编程轨迹重合过渡到与编程轨迹偏离一个偏置量的过程。（ ）

21. 刀具处于补偿状态时可以变换坐标平面。（ ）

22. 刀具补偿建立必须在G00与G01状态下才有效。（ ）

23. 刀具补偿功能包括刀补的建立、刀补的执行和刀补的取消三个阶段。（ ）

24. 刀具半径补偿设置及取消位置不当，可能发生过切削或欠切削现象。 ( )

25. 使用刀具半径补偿功能时，应根据工件轮廓进行编程。 ( )

26. 使用刀具半径补偿功能时，可以边加工轮廓，边建立刀具半径补偿。 ( )

27. 取消刀具半径补偿应在轮廓加工完毕后进行。 ( )

28. 当数控机床半径参数值为零时，刀心轨迹将与工件轮廓重合。 ( )

29. 铣削外轮廓时，沿顺时针方向铣削为顺铣，沿逆时针方向铣削为逆铣。 ( )

30. 刀具回参考点指令为模态有效指令。 ( )

31. 运行刀具回参考点指令时，刀具将快速返回参考点。 ( )

32. 法那克系统直接回参考点，西门子系统需经中间点回参考点。 ( )

33. 从参考点返回，机床以规定速度运动。 ( )

34. 西门子系统输入 G74 指令后，机床即可执行回参考点操作。 ( )

35. 法那克系统返回固定点指令是 G28。 ( )

36. 为安全起见，使用刀具回参考点指令前应取消刀具半径补偿、长度补偿。 ( )

37. 沿顺时针方向铣削内轮廓的表面质量较好。 ( )

38. 在内轮廓铣削中，先行切后环切的综合切削法既可缩短进刀路线，又能获得较好的表面质量。 ( )

39. 型腔类零件采用立铣刀加工时，为避免进给力大、切削困难的缺点，可用钻头在铣削位置预钻孔。 ( )

40. 用数控机床加工零件时，一般不需要采用首件试切的方法来保证和控制零件精度。 ( )

41. 铣刀半径必须大于内轮廓最小圆弧半径，否则无法进行加工。 ( )

42. 采用刀具半径补偿铣削外轮廓时，机床刀具半径参数值设置得越大，外轮廓尺寸越大。 ( )

43. 采用刀具半径补偿铣削内轮廓时，机床刀具半径参数值设置得越小，内轮廓尺寸越小。 ( )

44. 数控机床中半径参数值可以设置为正值、零、负值。 ( )

45. 当刀具半径补偿值为负数时，左刀补实际将变为右刀补。 ( )

46. 用 CAD 软件辅助查找基点坐标时，工件坐标系不一定与 CAD 软件坐标系一致。 ( )

47. 铣削内、外轮廓时，铣刀应尽可能沿轮廓法线方向切入或切出。 ( )

三、选择题

1. 法那克系统米制尺寸输入指令是________。

A. G71　　B. G70　　C. G21　　D. G20

2. 当米制/英制尺寸输入指令转换时，________单位制不变。

A. F 代码　　B. S 代码　　C. 尺寸代码

3. 若进给速度为 0.5mm/r，主轴转速为 1000r/min，则每分钟进给速度为________。

A. 5mm/min　　B. 50mm/min　　C. 500mm/min　　D. 0.5mm/min

4. 每分钟进给速度指令为________。

A. G94　　B. G95　　C. G96　　D. G97

5. 用数控铣床加工较大平面时，应选择________。

A. 立铣刀　　B. 端面盘铣刀　　C. 圆锥形立铣刀　　D. 碟形铣刀

6. 在立式数控铣床用端面铣刀铣削平面过程中，铣刀轴线与工件对称中心线重合称为________。

A. 逆铣削　　B. 顺铣削　　C. 不对称铣削　　D. 对称铣削

7. 精铣大平面时应采用________铣削方式。

A. 平行往复　　B. 单向平行　　C. 环切

8. 机用平口钳属于________。

A. 通用夹具　　B. 专用夹具　　C. 组合夹具　　D. 可调夹具

9. 在大批量生产零件时，宜采用________装夹工件。

A. 机用平口钳　　B. 三爪自定心卡盘　　C. 两顶尖　　D. 专用夹具

10. 在法那克系统倒角指令 G1 X __ Y __ F __，C __中，C 表示________。

A. 倒角部分长度　　B. 倒角起点至终点长度

C. 虚拟交点至拐角起点或终点长度　　D. 拐角部分圆弧半径

11. 在西门子系统倒角指令 G1 X __ Y __ F __ CHF = __中，CHF 表示________。

A. 倒角起点至终点长度　　B. 虚拟交点至拐角起点或终点长度

C. 拐角部分圆弧半径

12. 倒角、倒圆指令中 X、Y 坐标是指________坐标。

A. 两轮廓线虚拟交点　　B. 倒角、倒圆起点

C. 倒角、倒圆终点　　D. 任意点

13. 采用刀具半径补偿功能，可按________编程。

A. 位移量　　B. 工件轮廓　　C. 刀具中心轨迹

14. 数控铣床刀具补偿有________。

A. 刀具半径补偿　　B. 刀具长度补偿

C. A、B 两者都有　　D. A、B 两者都没有

15. 数控铣床在加工中为了实现对刀具磨损量的补偿，可在刀具半径值上附加一个刀具偏移量，这称为________。

A. 刀具位置补偿　　B. 刀具半径补偿

C. 刀具长度补偿

16. 铣削加工采用顺铣时，铣刀旋转方向与工件进给方向________。

A. 相同　　B. 相反　　C. A、B 都可以　　D. 垂直

17. 应在________ 指令中建立刀具半径补偿。

A. G01 或 G02　　B. G02 或 G03　　C. G01 或 G03　　D. G00 或 G01

18. 影响刀具半径补偿的主要因素是________。

A. 进给量　　B. 切削速度

C. 背吃刀量　　D. 刀具半径大小

19. 在数控编程中，用于刀具半径补偿的指令是________ 。

A. G80 G81　　B. G90 G91

C. G41 G42 G40　　D. G43 G44 G49

20. 刀具半径右补偿指令是________。

A. G40　　B. G41　　C. G42　　D. G43

21. G40 指令应与________同时使用。

A. G00/G01　　B. G00/G02　　C. G02/G03　　D. G01/G03

22. 立式数控铣床的刀具半径补偿平面是________ 。

A. G17　　B. G18　　C. G19　　D. G20

23. 如果粗铣某一零件外轮廓时所用的刀具半径补偿值设定为 6，精加工余量为 1mm，则在用同一加工程序对它进行精加工时，应将上述刀具半径补偿值调整为________。

A. 8　　B. 6　　C. 5　　D. 4

24. 用数控机床加工轮廓时，一般应沿轮廓________ 进给。

A. 法向　　B. 切向　　C. 45°方向　　D. 90°方向

25. 程序校验与首件试切的作用是 ________ 。

A. 检查机床是否正常

B. 提高加工质量

C. 检验参数是否正确

D. 检验程序是否正确及零件的加工精度是否满足图样要求

26. 在型腔类零件的粗加工中，刀具通常选用________。

A. 球头铣刀　　B. 键槽铣刀　　C. 三刃立铣刀　　D. 面铣刀

27. 型腔类零件在采用________方向铣削时，其表面质量高。

A. 顺时针　　B. 逆时针　　C. 都可以

28. 下列指令为程序段有效指令的是________。

A. G41　　B. G42　　C. G75　　D. G95

29. 粗加工内轮廓留 0. 3mm 精加工余量，若刀具直径为 ϕ20mm，则机床刀具半径参数值应设置为________。

A. 9. 7　　B. 9. 4　　C. 10. 3　　D. 10. 6

30. 在回参考点指令中，________需经中间点回参考点。

A. 法那克系统　　B. 西门子系统

C. 两种数控系统都

31. 铣削内轮廓时，________的表面较粗糙。

A. 平行切削　　B. 环切　　C. 综合切削

四、简答题

1. 平面铣削进给路线有哪几种？各有何特点？

2. 什么是刀具半径补偿？使用刀具半径补偿功能应注意哪些问题？

3. 加工轮廓时，刀具切入、切出方向如何确定？为什么？

4. 如何控制内、外轮廓的尺寸精度，举例说明。

五、编程题

1. 加工 50mm×50mm×20mm 的上表面，材料为 2A16，选用 ϕ12mm 立铣刀，编写铣削平面的数控加工程序填写在表 4-1 中。

表 4-1　铣削平面数控加工程序

程序段号	法那克系统程序	西门子系统程序	指 令 含 义

2. 铣削如图 4-1 所示零件外轮廓，材料为 2A16。试选择铣刀直径，采用刀具半径补偿指令编写其法那克系统与西门子系统数控加工程序，并填写在表 4-2 中。

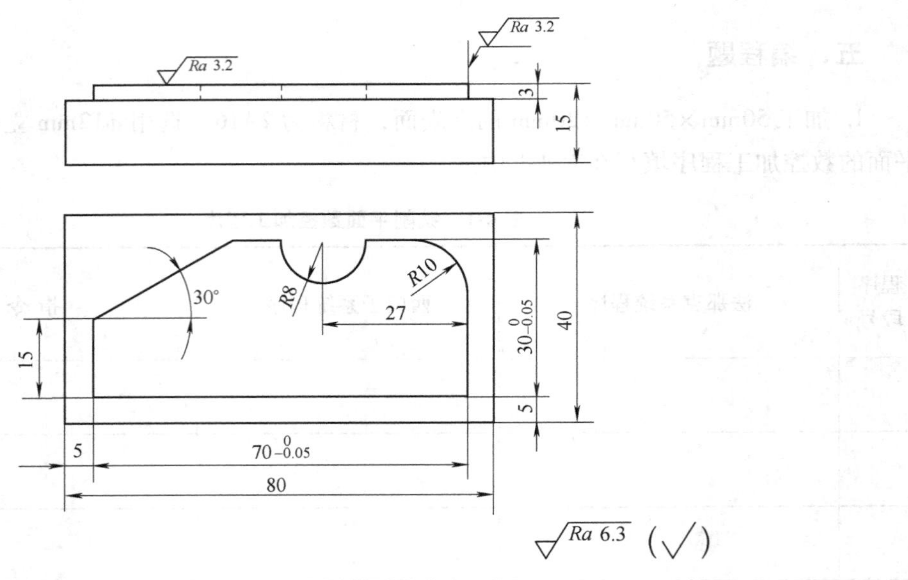

图 4-1 外轮廓

表 4-2 铣削外轮廓数控加工程序

程序段号	法那克系统程序	西门子系统程序	指令含义

（续）

程序段号	法那克系统程序	西门子系统程序	指令含义

3. 铣削如图 4-2 所示零件内轮廓，深 3mm，材料为 2A16。试选择铣刀直径，编写其法那克系统与西门子系统数控加工程序，并填写在表 4-3 中。

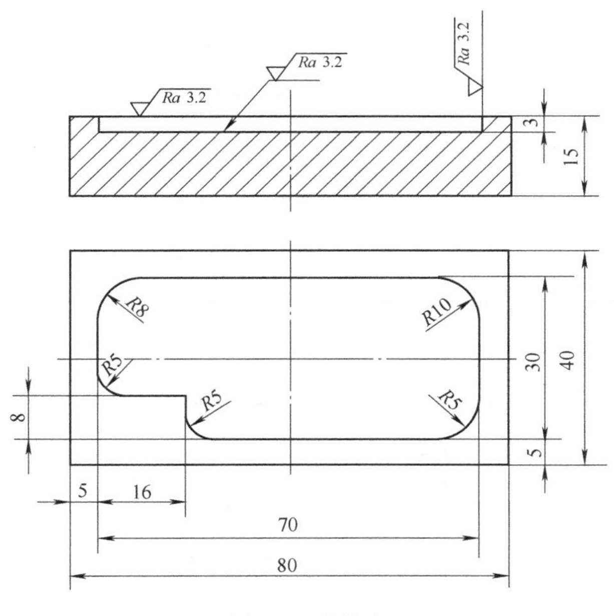

图 4-2　内轮廓

表 4-3　铣削内轮廓数控加工程序

程序段号	法那克系统程序	西门子系统程序	指令含义

（续）

程序段号	法那克系统程序	西门子系统程序	指令含义

4. 铣削如图4-3所示零件内、外轮廓，材料为2A16，毛坯尺寸为80mm×80mm。试选择铣刀，编写其法那克系统与西门子系统数控加工程序，并填写在表4-4中。

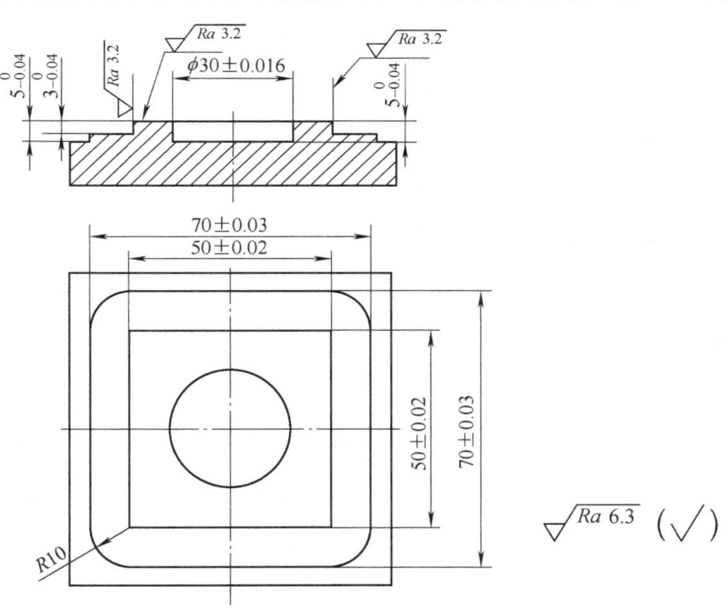

图4-3　内外轮廓

表4-4　铣削内、外轮廓数控加工程序

程序段号	法那克系统程序	西门子系统程序	指令含义

（续）

程序段号	法那克系统程序	西门子系统程序	指令含义

（续）

程序段号	法那克系统程序	西门子系统程序	指令含义

5. 铣削如图 4-4 所示凸模，材料为 2A16，毛坯尺寸为 100mm × 100mm。试选择铣刀，编写其法那克系统与西门子系统数控加工程序，并填写在表 4-5 中。

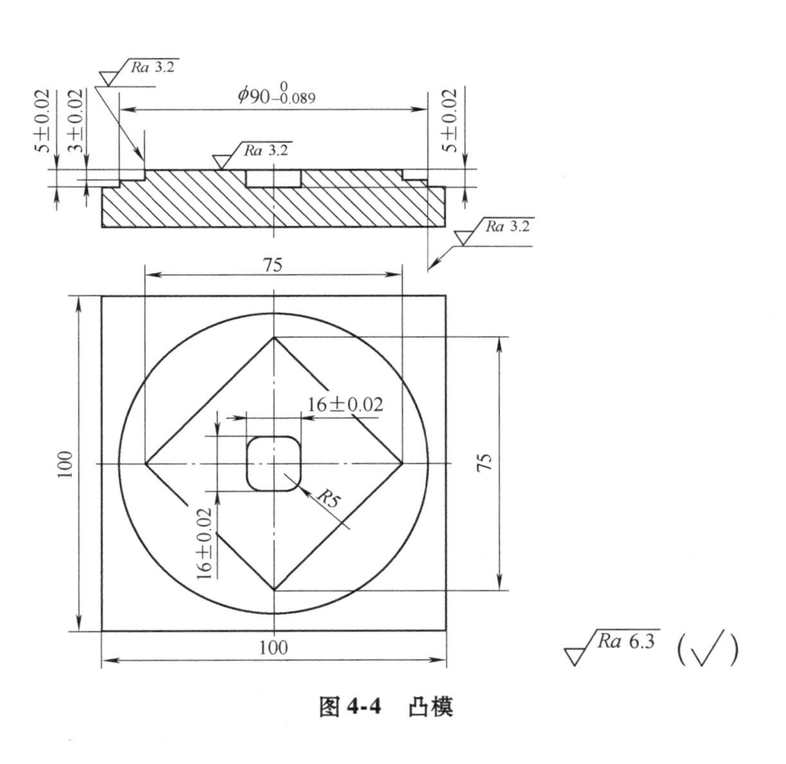

图 4-4　凸模

表 4-5　凸模数控加工程序

程序段号	法那克系统程序	西门子系统程序	指 令 含 义

（续）

程序段号	法那克系统程序	西门子系统程序	指令含义

6. 加工如图 4-5 所示梅花形凹模，材料为 2A16，已知各点坐标为 1（23.635，9.316），2（19.885，15.811），3（3.75，25.127）。试选择铣刀，编写其法那克系统与西门子系统数控加工程序，并填写在表 4-6、表 4-7、表 4-8、表 4-9、表 4-10 中。

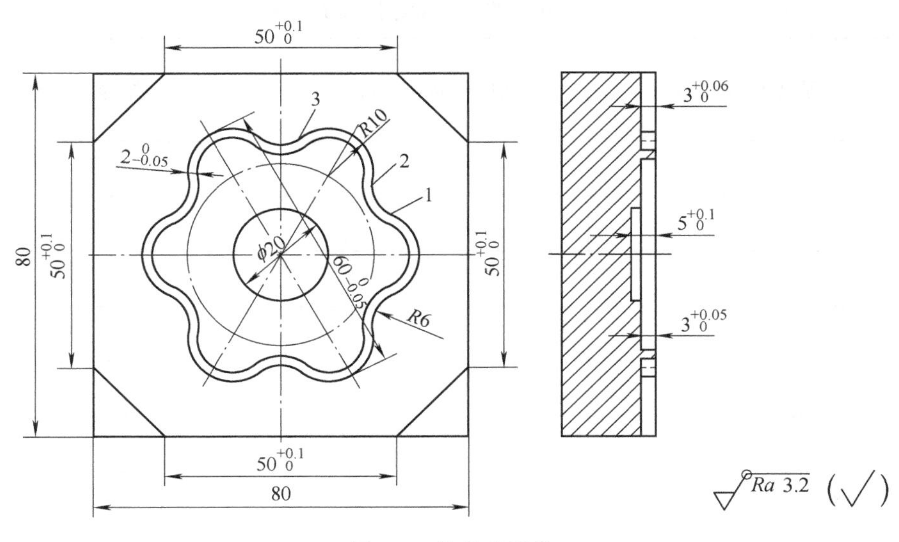

图 4-5 梅花形凹模

表 4-6　粗、精铣上表面数控加工程序

程序段号	法那克系统程序	西门子系统程序	指 令 含 义

表 4-7　梅花形外轮廓数控加工程序

程序段号	法那克系统程序	西门子系统程序	指 令 含 义

（续）

程序段号	法那克系统程序	西门子系统程序	指令含义

表 4-8　加工梅花形外轮廓子程序

程序段号	法那克系统程序	西门子系统程序	指令含义

表 4-9　四个角轮廓数控加工程序

程序段号	法那克系统程序	西门子系统程序	指令含义

表 4-10　ϕ20mm 内轮廓及梅花形内轮廓余量数控加工程序

程序段号	法那克系统程序	西门子系统程序	指令含义

（续）

程序段号	法那克系统程序	西门子系统程序	指 令 含 义

模块五　凹 槽 加 工

一、填空题

1. 可编程的坐标系偏移指令都是在______________坐标系基础上进行的。

2. 法那克系统坐标系偏移指令格式为__________________，其中________ 表示坐标系在各坐标轴方向的偏移量。

3. 法那克系统取消坐标系偏移指令格式为__________________________。

4. 西门子 802D 系统坐标系偏移指令格式为________ ___ ____，取消坐标系偏移指令格式为____ ________________。

5. 在工件坐标系中建立的______________称为局部坐标系。

6. 采用坐标系偏移指令后，刀具将在________ 中运行。

7. 凹槽加工一般采用____________切入、切出方式以消除凹槽表面产生的刀痕。

8. 凹槽加工铣刀半径应__________ 凹槽拐角圆弧半径。

9. 当有几个尺寸、形状相同的凹槽时，为编程方便，可把这部分尺寸、形状相同的凹槽编写成______________以简化程序结构。

10. 在凹槽加工中，____________________ 方向铣削轮廓表面质量高。

11. 当凹槽深度较深时，需________铣削才能完成加工。

12. 在法那克系统坐标系偏转指令 G17 G68 X __ Y __ R __中，X、Y 的含义是______________，R 的含义是______________。

13. 西门子 802D 系统坐标系偏转指令格式为________________ 及________________，用________________ 或________________指令可取消坐标系偏转。

14. 法那克系统坐标系偏转围绕______________进行偏转，西门子系统坐标系偏转围绕________________进行偏转。

15. 坐标系偏转指令中 R（或 RPL = ）的取值范围为__________________，________方向其值为正，____________ 方向其值为负。

16. 镜像功能可实现____________零件结构的加工。

17. 西门子 802D 系统镜像加工指令格式是______________________ ，取消镜像功能指令格式是_________________________。

18. 法那克系统镜像加工指令格式是____________________ ，取消镜像功能指令格式是_________________________。

19. 程序段 G51. 1 X0 是以________ 轴镜像，该零件以____________ 轴对称。

20. 执行镜像功能后，G02 与 G03、G41 与 G42 指令将被__________。

21. 法那克系统的变量符号为________ ，其中______为空变量，____________为局部变量，__________________为公共变量，______________为系统变量。

22. 西门子系统计算参数符号为________，其中______________为自由参数，______________为加工循环参数，______________为内部计算参数。

23. 法那克系统中以子程序形式存储并带有__________的程序称为用户宏程序。

24. 坐标值用函数式表达，如坐标 X = 30cos30°，则法那克系统程序输入形式为__________，西门子系统程序输入形式为________________。

25. 西门子 802D 系统中 CYCLE71 是_________循环，CYCLE72 是_________循环，POCKET3 是__________循环，POCKET4 是__________循环。

26. 西门子 802D 系统铣槽循环有__________、____________、____________三种。

27. 西门子凹槽深度进给速度比表面进给速度值应__________。

28. 西门子矩形型腔或圆形型腔循环中，铣刀半径应________矩形腔转角半径或圆形腔半径。

29. 法那克系统极坐标指令是____________，取消极坐标指令是__________。

二、判断题

1. 在加工相同的零件时，可编写子程序以简化程序结构。（ ）
2. 坐标系偏移指令可以对所有坐标轴零点进行偏移。（ ）
3. 坐标系偏移指令格式应写一独立程序段。（ ）
4. 坐标系偏移指令可以附加在前面的坐标系偏移值基础上再进行偏移。（ ）
5. 西门子 802D 系统中，当 TRANS 指令后不跟任何坐标轴名时，表示取消当前坐标系偏移。（ ）
6. 法那克系统中，当 G52 指令后不跟任何坐标轴名时，表示取消当前坐标系偏移。（ ）
7. 坐标系偏移指令是模态有效指令。（ ）
8. 凹槽铣刀半径应大于凹槽最小圆弧半径。（ ）
9. 当凹槽宽度较小无法采用圆弧切入、切出时，只能采用沿轮廓法向进刀。（ ）
10. 沿凹槽顺时针方向铣削为顺铣，逆时针方向铣削为逆铣。（ ）
11. 沿凹槽顺时针方向铣削时表面质量较高。（ ）
12. 不论凹槽深度如何，均可以一次进给至槽底进行加工。（ ）
13. 加工小于刀具半径的沟槽不会产生过切现象。（ ）
14. 在坐标系偏转指令格式中，顺时针方向偏转角度为正，逆时针方向偏转的角度为负。（ ）
15. 坐标系偏转是以工件坐标系原点为基准进行偏转的。（ ）
16. 在法那克系统中，取消坐标系偏转指令 G69 可不必单设一程序段。（ ）
17. 在西门子系统中，取消坐标系偏转指令可不必单设一程序段。（ ）
18. 西门子 802D 系统中，用 ROT 指令偏转时会取消以前的偏移和偏转。（ ）
19. 西门子 802D 系统中，用 AROT 指令偏转时会取消以前的偏移和偏转。（ ）

20. 西门子坐标系偏转指令可以围绕任意点进行偏转。 （ ）

21. 坐标系偏转指令是程序段有效指令。 （ ）

22. 数控机床的镜像功能适用于数控铣床和加工中心。 （ ）

23. 使用镜像功能后，G02 与 G03、G41 与 G42 指令被互换。 （ ）

24. 镜像程序 MIRROR Y0 加工的零件形状将以 Y 轴对称。 （ ）

25. 法那克系统除通过编程实现镜像功能外，还可以通过面板设置实现镜像功能。 （ ）

26. 只能给计算参数赋一定数值，不能赋变量或表达式。 （ ）

27. 在西门子系统中，程序段 X = 3 + R1 是允许的。 （ ）

28. 在法那克系统中，#3 = #3 + 1 程序段是允许的。 （ ）

29. 在西门子系统中，用户可以使用内部计算参数进行编程。 （ ）

30. 西门子标准型腔循环参数 _DP 是指型腔绝对深度，无正负之分。 （ ）

31. 西门子 802D 系统调用型腔铣削循环前不需要事先设置刀具半径值。 （ ）

32. 法那克系统使用极坐标指令后，还需要设置极点位置。 （ ）

33. G16 是西门子系统极坐标指令。 （ ）

34. 法那克系统可以用宏程序编写凹槽加工循环。 （ ）

三、选择题

1. 可编程坐标系偏移指令格式中的 X、Y、Z 表示________。
   A. 坐标系偏移量　B. 坐标系偏移量绝对值　C. 起点坐标

2. 可编程坐标系偏移指令是相对于________进行偏移的。
   A. 机床原点　B. 机床参考点　C. 工件原点

3. 顺时针方向铣削凹槽时，切削厚度将________。
   A. 由大变小　B. 由小变大　C. 保持不变

4. 用 ϕ8mm 铣刀铣削凹槽，若需留 0.25mm 精加工余量，则机床刀具半径值应设置为________mm。
   A. 8.25　B. 7.75　C. 4.25　D. 3.75

5. 坐标系偏转指令格式中的转角 R（RPL）________。
   A. 只能为正值　B. 只能为负值
   C. 只能为小于 180°、大于 −180°的值　D. 只能为小于 360°、大于 −360°的值

6. 程序 G18 G68 X10 Y5 R30；坐标系将围绕________点偏转。
   A. (0，0)　B. (10，0)　C. (10，5)　D. (0，5)

7. 西门子系统执行程序 ROT RPL = 45 后，再运行程序 ROT RPL = 45，则坐标系将偏转________。
   A. 0°　B. 45°　C. 90°　D. 180°

8. 西门子系统执行程序 ROT RPL = 45 后，再运行程序 AROT RPL = 45，则坐标系将偏转________。
   A. 0°　B. 45°　C. 90°　D. 180°

9. 铣削凹槽封闭内轮廓时，刀具的切入、切出点应选在________位置。

A. 圆弧　　B. 直线　　C. 配合　　D. 两几何元素交点

10. 法那克系统镜像加工正确的指令格式是________。

A. G50. 1　　B. G51. 1　　C. G51. 1 X5　　D. G51. 1 X0 Y0 Z0

11. 法那克镜像指令格式 G51. 1 X10，所加工零件将以________ 轴对称。

A. X　　B. Y　　C. 原点　　D. X = 10

12. 法那克系统加工以原点对称零件的镜像指令格式为________。

A. G51. 1 X0　　B. G50. 1 X0 Y0　　C. G51. 1 Y0　　D. G51. 1 X0 Y0

13. 西门子镜像加工指令 MIRROR X0 Y0，所加工零件将以________ 轴对称。

A. X　　B. Y　　C. 原点　　D. 任意

14. 西门子系统用户自由使用参数是________。

A. R0 ~ R99　　B. R100 ~ R249　　C. R250 ~ R299　　D. R100 以上

15. 西门子加工循环参数为________。

A. R0 ~ R99　　B. R100 ~ R249　　C. R250 ~ R299　　D. R100 以上

16. 如果粗铣某一凹槽时所用的刀具半径补偿值设定为 6mm，精加工余量为 1mm，则在用同一加工程序对它进行精加工时，应将上述刀具半径补偿值调整为________。

A. 8　　B. 6　　C. 5　　D. 4

17. 西门子系统极坐标系中 RP 表示____________。

A. 极坐标半径　　B. 极角

C. 极点位置　　D. 取消极坐标指令

18. 西门子系统中__________指令是以当前工件坐标系原点为基点设置极点。

A. G110　　B. G111　　C. G112　　D. G113

四、简答题

1. 什么是局部坐标系？

2. 西门子 802D 系统中，指令 ROT 与 AROT 有何区别？

3. 什么是法那克系统宏程序？

4. 什么是西门子固定循环参数？

五、编程题

1. 加工如图 5-1 所示的六个直槽，材料为 2A16。试拟定其加工工艺，用坐标系偏移指令编写法那克系统与西门子系统数据加工程序，并填写在表 5-1、表 5-2、表 5-3 中。

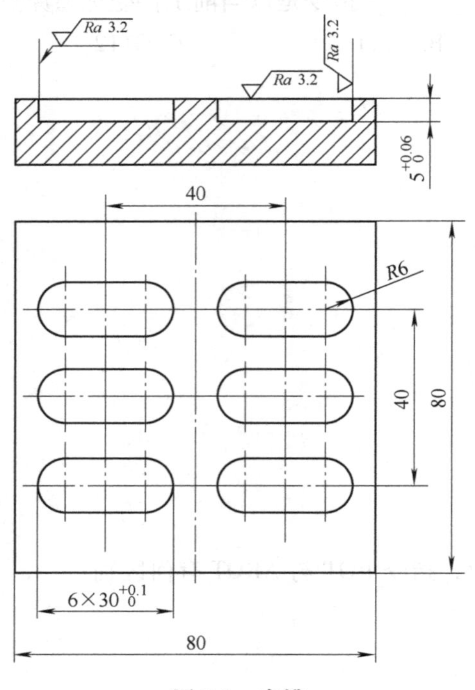

图 5-1　直槽

表 5-1　直槽数控加工程序

程序段号	法那克系统程序	西门子系统程序	指 令 含 义

（续）

程序段号	法那克系统程序	西门子系统程序	指 令 含 义

表 5-2　粗加工直槽子程序

程序段号	法那克系统程序	西门子系统程序

（续）

程序段号	法那克系统程序	西门子系统程序

表 5-3　精加工直槽子程序

程序段号	法那克系统程序	西门子系统程序

2. 加工如图 5-2 所示斜槽，材料为 2A16。试确定其加工路线，应用坐标系偏转指令编写法那克系统与西门子系统数控加工程序，并填写在表 5-4、表 5-5、表 5-6 中。

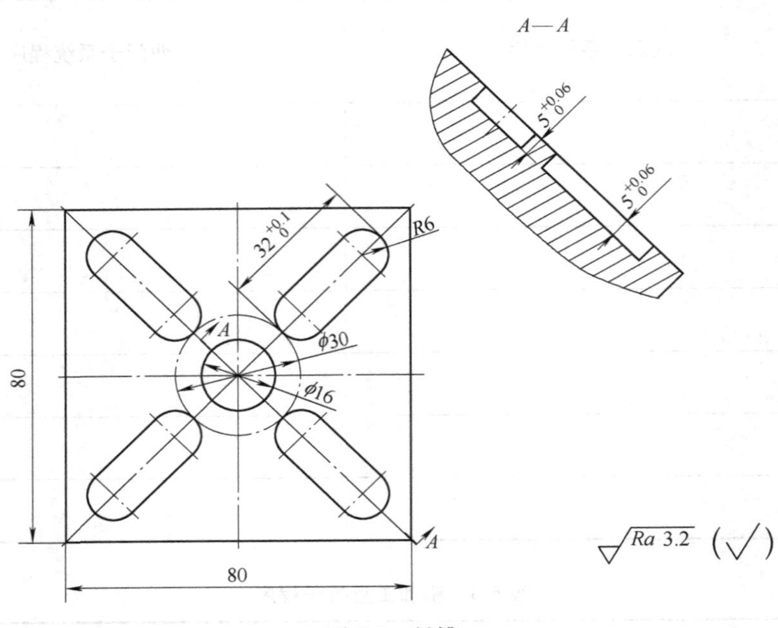

图 5-2 斜槽

表 5-4 斜槽数控加工程序

程序段号	法那克系统程序	西门子系统程序	指 令 含 义

（续）

程序段号	法那克系统程序	西门子系统程序	指 令 含 义

（续）

程序段号	法那克系统程序	西门子系统程序	指令含义

表 5-5　粗加工斜槽子程序

程序段号	法那克系统程序	西门子系统程序

表 5-6　精加工斜槽子程序

程序段号	法那克系统程序	西门子系统程序

（续）

程序段号	法那克系统程序	西门子系统程序

3. 加工如图 5-3 所示腔槽零件，材料为 2A16。试拟定其加工工艺，编写法那克系统与西门子系统数控加工程序，并填写在表 5-7、表 5-8、表 5-9 中。

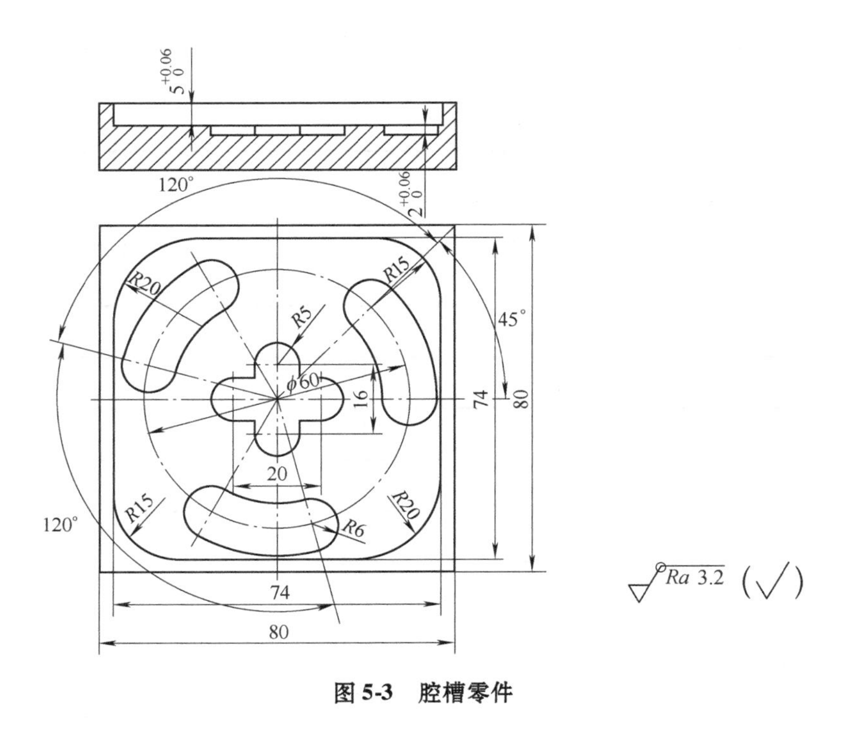

图 5-3 腔槽零件

表 5-7 腔槽零件数控加工程序

程序段号	法那克系统程序	西门子系统程序	指令含义

（续）

程序段号	法那克系统程序	西门子系统程序	指 令 含 义

表 5-8　加工矩形槽轮廓子程序

程序段号	法那克系统程序	西门子系统程序

（续）

程序段号	法那克系统程序	西门子系统程序

表 5-9　加工腰形槽子程序

程序段号	法那克系统程序	西门子系统程序

（续）

程序段号	法那克系统程序	西门子系统程序

4. 加工如图 5-4 所示的十字凸模，材料为 2A16。试确定其加工工艺，用镜像指令编写法那克系统与西门子系统数控加工程序，并填写在表 5-10、表 5-11、表 5-12 中。

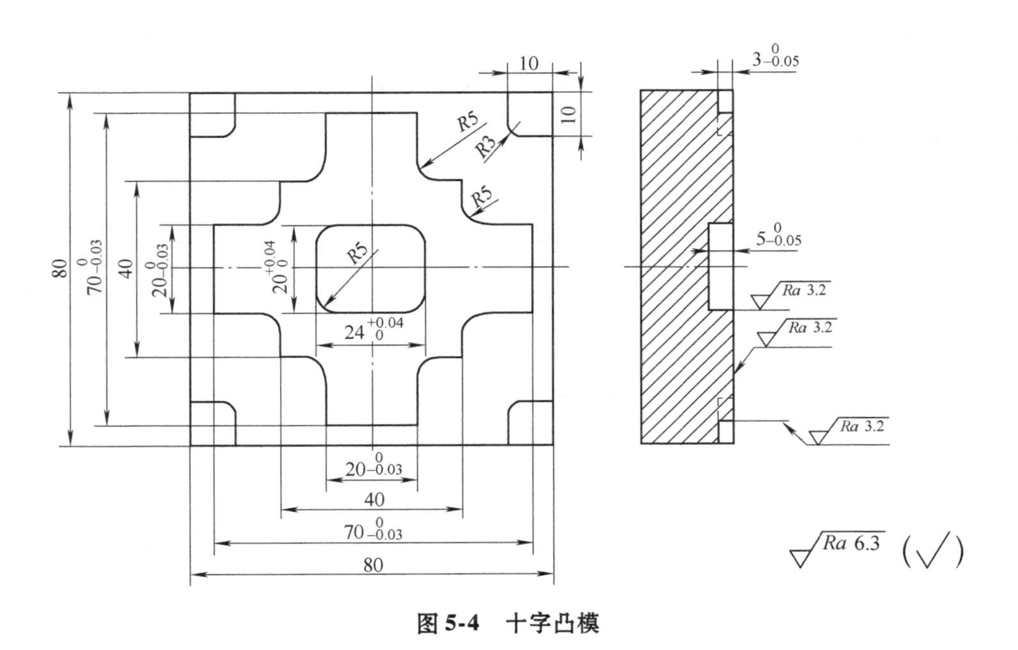

图 5-4　十字凸模

表 5-10　十字凸模数控加工程序

程序段号	法那克系统程序	西门子系统程序	指令含义

（续）

程序段号	法那克系统程序	西门子系统程序	指令含义

表 5-11　十字形凸台四分之一轮廓子程序

程序段号	法那克系统程序	西门子系统程序	指令含义

表 5-12　边角凸台轮廓子程序

程序段号	法那克系统程序	西门子系统程序	指 令 含 义

模块六　零件综合加工

一、填空题

1. 寻边器装夹在________上，常用于_______、______轴对刀。

2. Z 轴设定器一般放置在__________上，用于________轴对刀。

3. 机外对刀仪主要用于测量刀具的________、__________、____________等尺寸。

4. 机外对刀仪测量头有__________和____________两种。

5. 大部分数控机床可通过____________、____________等方法将程序传入数控机床。

6. 将数控程序传入数控系统，法那克系统程序头为__________，西门子系统（主程序）程序头为__________。

7. 传输程序时，数控机床传输参数设置应与传输软件参数设置________。

二、判断题

1. 铰孔、攻螺纹等加工应尽可能放在轮廓、凹槽加工之前进行。（　）

2. 铰孔时，铰刀经过校正才能保证孔的尺寸精度。（　）

3. 可以用寻边器进行 Z 轴对刀。（　）

4. 寻边器使用中应轻拿轻放，以免损坏寻边器。（　）

5. 用寻边器对刀，接近工件过程中，进给倍率应小一些，以防损坏寻边器。（　）

6. Z 轴设定器也可以进行 X、Y 轴对刀。（　）

7. Z 轴设定器使用时常放置在铣床工作台上。（　）

8. 机外对刀仪既可以实现 X、Y 轴对刀，也可以实现 Z 轴对刀。（　）

9. 机外对刀仪可以自动测出刀具的长度、半径等尺寸。（　）

10. 程序传输时，计算机传输软件中的参数设置可以与数控机床通信参数不一致。（　）

11. 程序传输只能将程序从计算机传入数控机床。（　）

12. 装拆程序传输线时，必须先将数控机床与计算机电源关闭。（　）

13. 钻孔、铰孔过程中必须充分浇注切削液。（　）

14. CAD/CAM 加工过程为：造型、生成刀具路径、生成 G 代码、程序传输、机床加工。（　）

15. CAXA 制造工程师是具有国产知识产权的优秀 CAD/CAM 软件。（　）

16. CAD/CAM 技术先进，我们可以完全依赖这个工具解决编程问题。（　）

三、选择题

1. $\phi 10^{+0.022}_{0}$ mm 孔可以采用________进行测量。

A. 游标卡尺　　B. 外径千分尺　　C. 内径千分尺　　D. 百分表

2. 铰孔余量一般为________mm。

A. 1　　B. 0.5 ~ 1　　C. 0.1 ~ 0.2　　D. 0.01 ~ 0.02

3. X、Y 轴常采用________进行对刀。

A. 塞尺　　B. 寻边器　　C. Z 轴设定器　　D. 芯棒

4. Z 轴不可以用________对刀。

A. 塞尺　　B. 寻边器　　C. Z 轴设定器　　D. 芯棒

5. Z 轴设定器高度一般为________mm。

A. 5 或 10　　B. 10 或 50　　C. 50 或 100　　D. 100 或 200

6. 程序传输时，西门子系统子程序头格式为________。

A. %；文件名　　B. %__N__文件名__MPF　　C. %__N__文件名__SPF

7. 加工曲面应使用________。

A. 键槽铣刀　　B. 立铣刀　　C. 盘铣刀　　D. 球头铣刀

8. 计算机辅助制造的英文缩写是________。

A. CAD　　B. CAM　　C. CAPP　　D. CAE

9. CAPP 是指________。

A. 计算机辅助设计　　B. 计算机辅助制造

C. 计算机辅助工艺设计　　D. 柔性制造系统

四、编程题

1. 编写如图 6-1 所示五角星的数控加工程序，并填写在表 6-1、表 6-2 中，材料为 45 钢，毛坯尺寸为 100mm × 100mm。

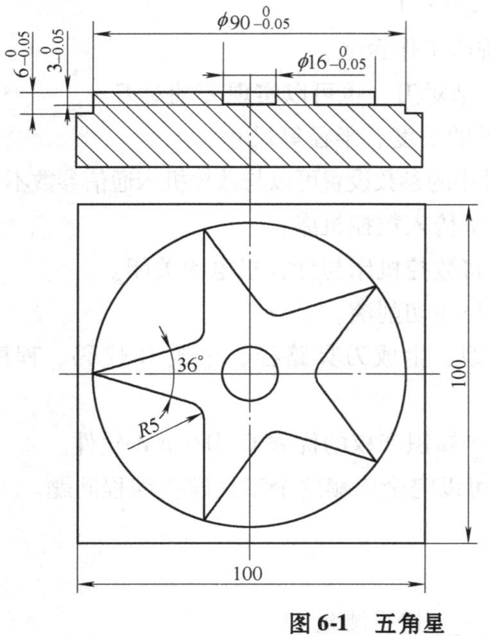

图 6-1　五角星

表 6-1　五角星数控加工程序

程序段号	法那克系统程序	西门子系统程序	指令含义

（续）

程序段号	法那克系统程序	西门子系统程序	指令含义

（续）

程序段号	法那克系统程序	西门子系统程序	指令含义

表 6-2　加工五角星余量子程序

程序段号	法那克系统程序	西门子系统程序	指令含义

2. 编写如图 6-2 所示槽轮轮廓的数控加工程序，并填写在表 6-3 中，材料为 45 钢，毛坯尺寸为 100mm × 100mm。

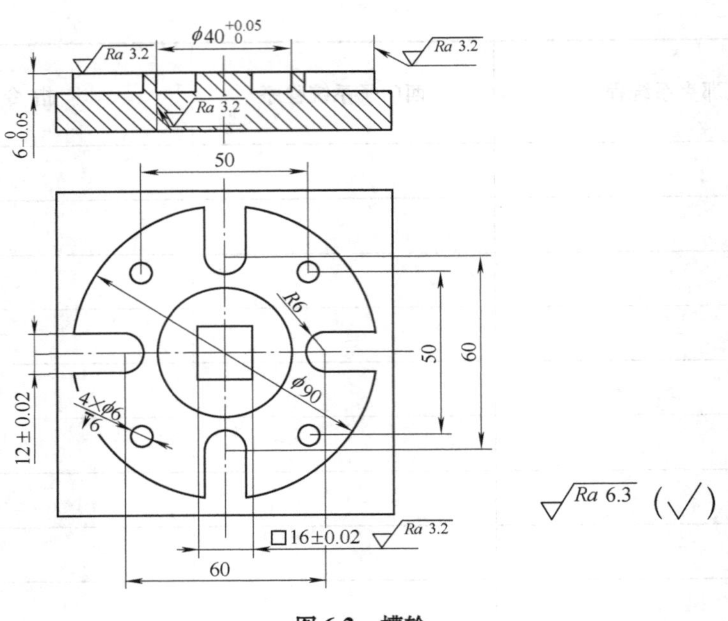

图 6-2　槽轮

表 6-3　槽轮数控加工程序

程序段号	法那克系统程序	西门子系统程序	指 令 含 义

（续）

程序段号	法那克系统程序	西门子系统程序	指 令 含 义

（续）

程序段号	法那克系统程序	西门子系统程序	指令含义

（续）

程序段号	法那克系统程序	西门子系统程序	指 令 含 义

3. 编写如图 6-3 所示凸模的数控加工程序，并填写在表 6-4 中，材料为 45 钢。毛坯尺寸为 100mm × 100mm。

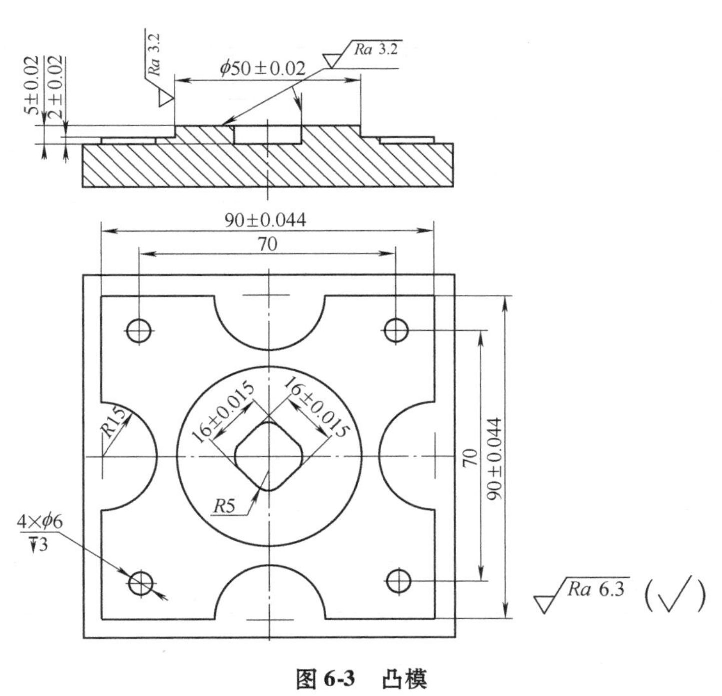

图 6-3 凸模

表 6-4　凸模数控加工程序

程序段号	法那克系统程序	西门子系统程序	指令含义

（续）

程序段号	法那克系统程序	西门子系统程序	指 令 含 义

（续）

程序段号	法那克系统程序	西门子系统程序	指令含义

4. 零件如图 6-4 所示，材料为 45 钢，毛坯尺寸为 80mm × 80mm。试编写其法那克系统与西门子系统数控加工程序，并填写在表 6-5、表 6-6、表 6-7、表 6-8 中。

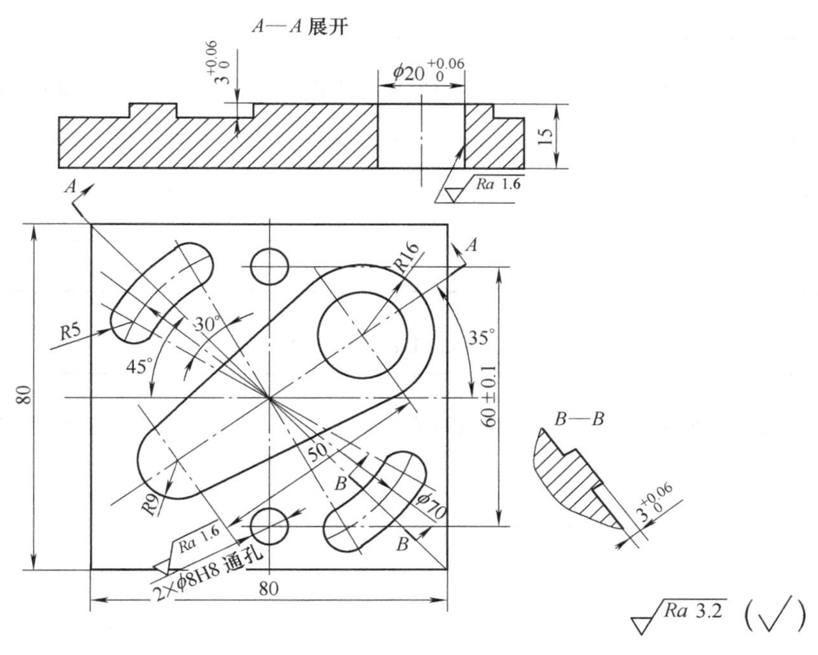

图 6-4 零件

表 6-5 粗、精铣上表面数控加工程序

程序段号	法那克系统程序	西门子系统程序	指令含义

（续）

程序段号	法那克系统程序	西门子系统程序	指令含义

表 6-6　外轮廓数控加工程序

程序段号	法那克系统程序	西门子系统程序	指令含义

（续）

程序段号	法那克系统程序	西门子系统程序	指 令 含 义

表 6-7　钻、铣、镗孔数控加工程序

程序段号	法那克系统程序	西门子系统程序	指 令 含 义

（续）

程序段号	法那克系统程序	西门子系统程序	指令含义

表 6-8　钻、铰孔数控加工程序

程序段号	法那克系统程序	西门子系统程序	指令含义

5. 零件如图 6-5 所示，材料为 45 钢，毛坯尺寸为 80mm × 80mm。试编写其法那克系统与西门子系统数控加工程序，填写在表 6-9、表 6-10 中。

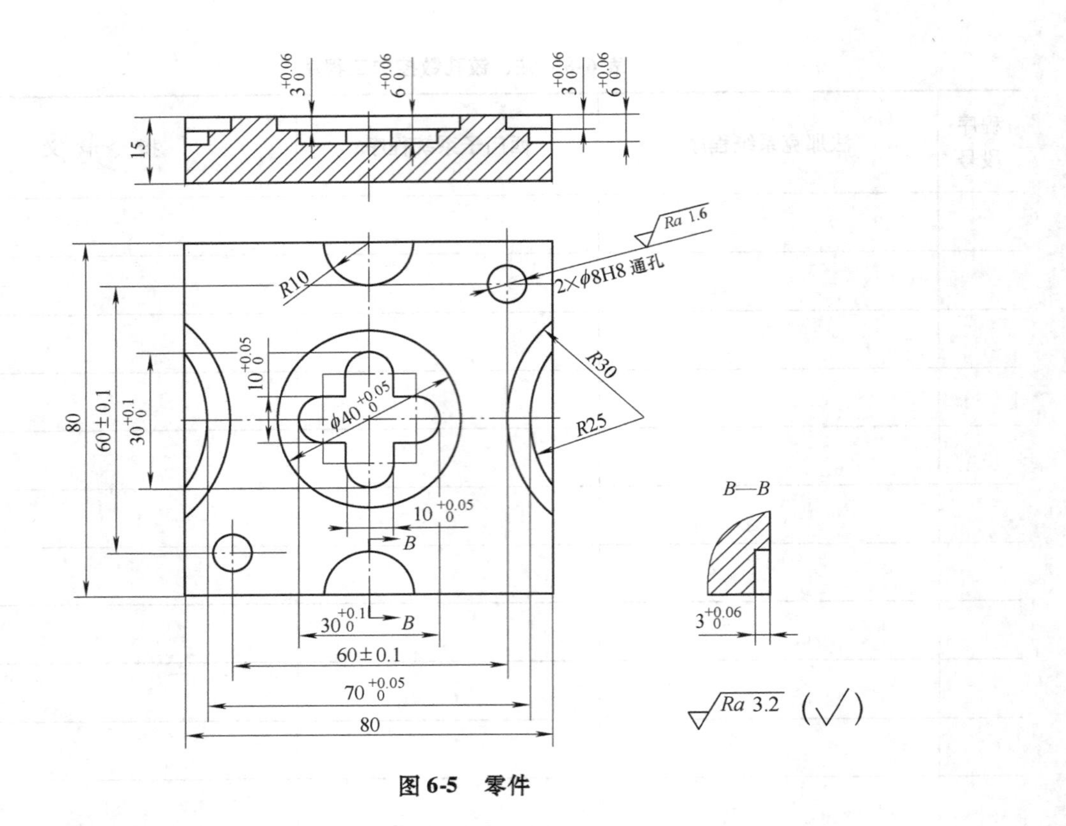

图 6-5　零件

表 6-9　轮廓数控加工程序

程序段号	法那克系统程序	西门子系统程序	指 令 含 义

（续）

程序段号	法那克系统程序	西门子系统程序	指 令 含 义

（续）

程序段号	法那克系统程序	西门子系统程序	指令含义

表 6-10　钻、铰孔数控加工程序

程序段号	法那克系统程序	西门子系统程序	指令含义

（续）

程序段号	法那克系统程序	西门子系统程序	指 令 含 义

6. 零件如图 6-6 所示，材料为 45 钢，毛坯尺寸为 80mm × 80mm。试编写其法那克系统与西门子系统数控加工程序，并填写在表 6-11、表 6-12、表 6-13 中。

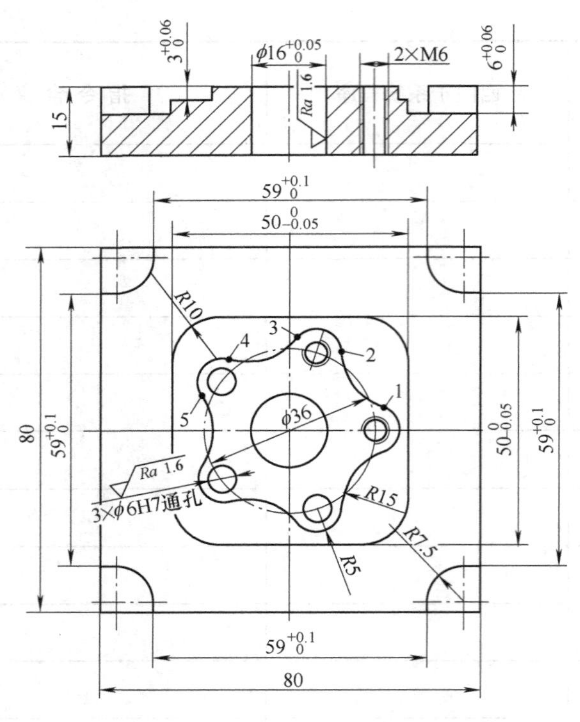

节点坐标

序号	X	Y
1	19.878	4.634
2	10.550	17.473
3	1.736	20.337
4	−13.358	15.433
5	−18.805	7.935

$\sqrt{Ra\ 3.2}$ ($\sqrt{}$)

图 6-6　零件

表 6-11　轮廓数控加工程序

程序段号	法那克系统程序	西门子系统程序	指 令 含 义

（续）

程序段号	法那克系统程序	西门子系统程序	指 令 含 义

表 6-12　镜像加工凸台子程序

程序段号	法那克系统程序	西门子系统程序	指 令 含 义

表 6-13　钻、铣、镗、铰孔数控加工程序

程序段号	法那克系统程序	西门子系统程序	指 令 含 义

（续）

程序段号	法那克系统程序	西门子系统程序	指令含义

（续）

程序段号	法那克系统程序	西门子系统程序	指令含义

（续）

程序段号	法那克系统程序	西门子系统程序	指令含义

*7. 零件如图 6-7 所示，材料为 45 钢，毛坯尺寸为 80mm×80mm。试编写其法那克系统与西门子系统数控加工程序。

*8. 零件如图 6-8 所示，材料为 45 钢，毛坯尺寸为 120mm×150mm。试编写其法那克系统与西门子系统数控加工程序。

*9. 零件如图 6-9 所示，材料为 45 钢，毛坯尺寸为 120mm×150mm。试编写其法那克系统与西门子系统数控加工程序。

*10. 零件如图 6-10 所示，材料为 45 钢，毛坯尺寸为 120mm×150mm。试编写其法那克系统与西门子系统数控加工程序。

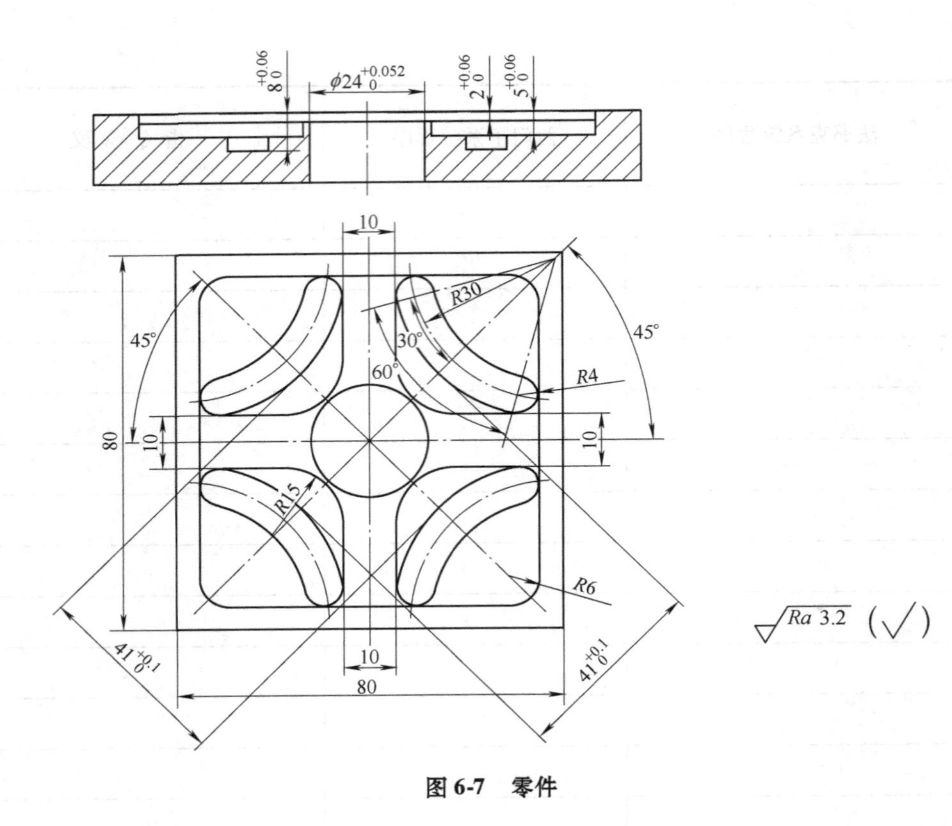

图 6-7 零件

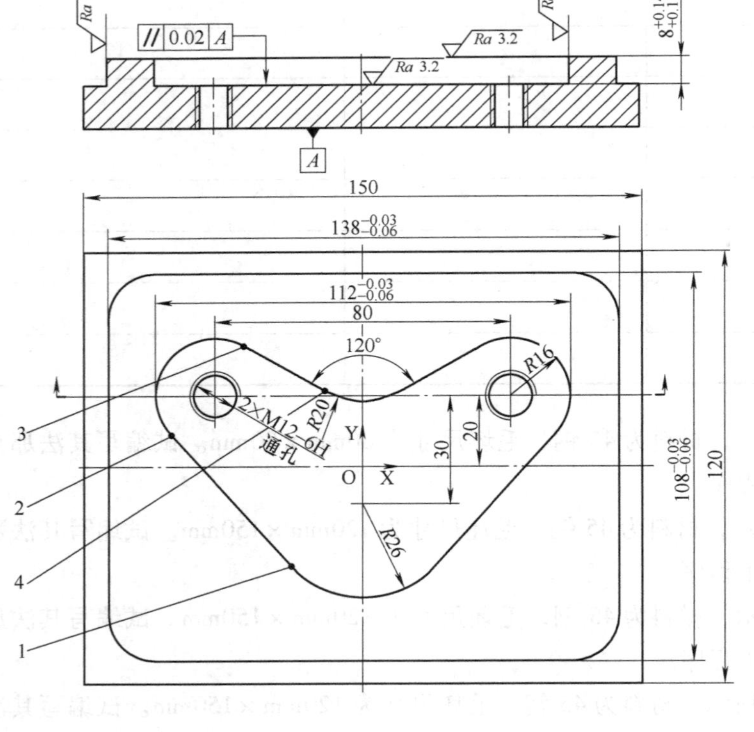

节点坐标

序号	X	Y
1	-19.445	-27.260
2	-51.966	9.379
3	-32.000	33.856
4	-10.000	21.155

技术要求

1.未注公差为±0.1mm。

2.未注倒角去毛刺。

Ra 6.3 (√)

图 6-8 零件

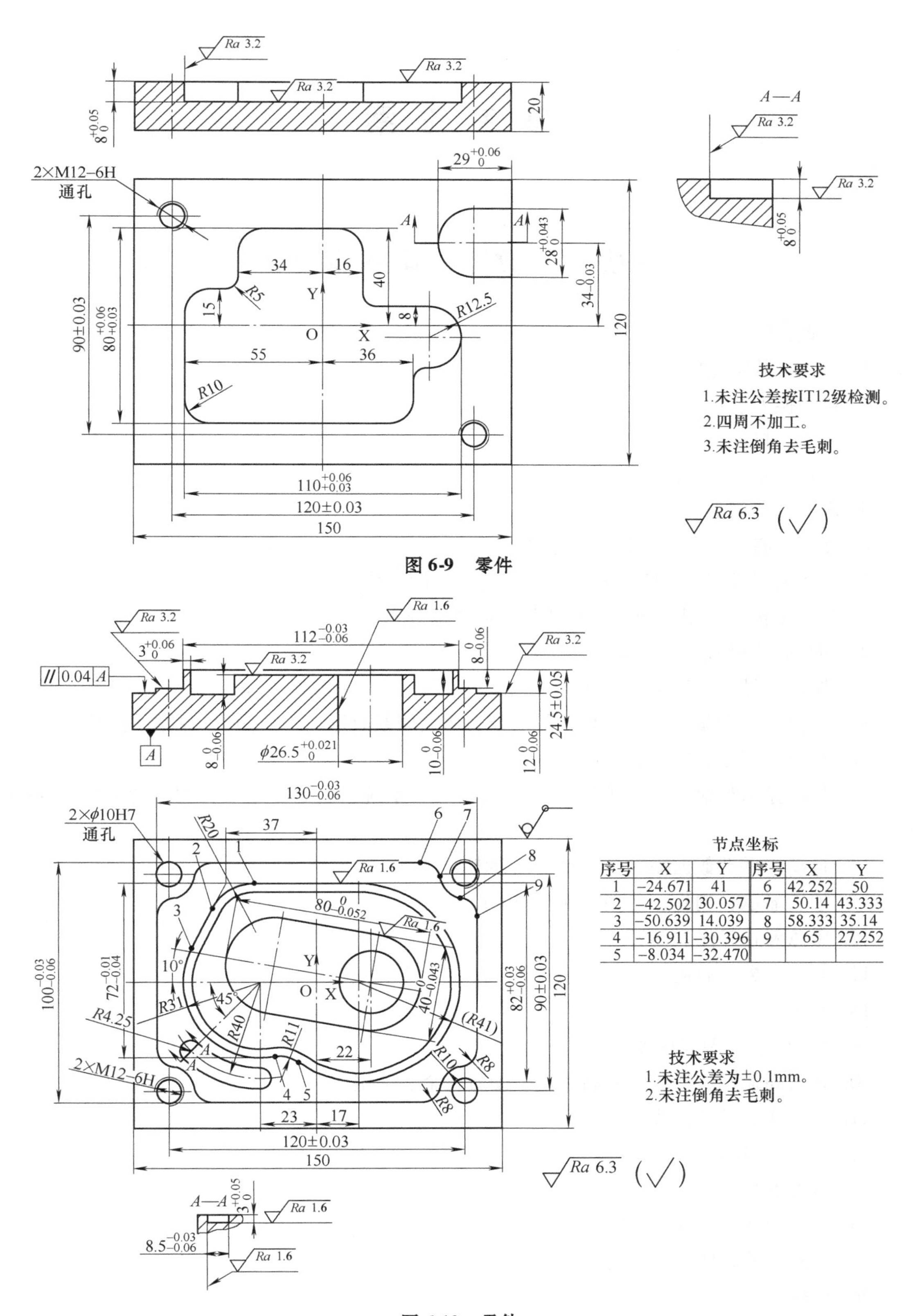

技术要求

1.未注公差按IT12级检测。

2.四周不加工。

3.未注倒角去毛刺。

图 6-9　零件

节点坐标

序号	X	Y	序号	X	Y
1	-24.671	41	6	42.252	50
2	-42.502	30.057	7	50.14	43.333
3	-50.639	14.039	8	58.333	35.14
4	-16.911	-30.396	9	65	27.252
5	-8.034	-32.470			

技术要求

1.未注公差为±0.1mm。

2.未注倒角去毛刺。

图 6-10　零件

参 考 答 案

模块一　数控铣床基本操作

一、填空题

1. 计算机数字化信号
2. 自动换刀装置
3. 手工、自动
4. 卧式、立式、龙门式
5. 水平、箱体类
6. 竖直、高度方向尺寸相对较小的
7. 开环控制系统、半闭环控制系统、闭环控制系统
8. 机床主机、控制部分、驱动部分、辅助部分
9. 圆盘式、卧式、斗笠式
10. 储存刀具或其他辅助工具
11. 多品种小批量生产、结构比较复杂、需要频繁改形、价格昂贵、制造周期短
12. 替换、删除、插入、取消
13. 程序显示与编辑、位置显示、参数输入、系统参数、信息、图形参数设置、系统帮助
14. 自动、手动数据输入、手动、回参考点
15. 加工显示、删除、上档、回车/输入
16. 紧急停止工作、旋转
17. 复位、数控启动
18. 55℃
19. ±10%、电源稳压器
20. 普通高速钢、特种性能高速钢、硬质合金、涂层
21. 整体式、可转位式
22. BT40、BT50
23. 铣刀型号
24. 将铣刀从铣刀柄上装卸
25. 相对于静止的工件、刀具、工件
26. C 轴
27. 数控系统

28. 回参考点

29. 铣床工作台 X 轴运动方向

30. 平行垫铁

31. 程序名、程序内容、程序结束

32. 字母“O”、4、2 ~8、字母

33. M02 或 M30

34. 某种执行动作；EOB（;）、“LF”

35. 程序名

36. 国际标准化代码、美国电子工业信息码

37. 编程坐标系、为方便编写程序

38. 工件上表面、工件几何中心

39. G54、G55、G56、G57、G58、G59

40. M03、M04

41. 主轴转速为 1500r/min

42. 小

43. 故障或操作失误

二、判断题

1. √；2. ×；3. √；4. ×；5. √；6. ×；7. √；8. ×；9. ×；10. √；11. √；12. √；13. √；14. ×；15. √；16. √；17. ×；18. ×；19. ×；20. ×；21. ×；22. ×；23. √；24. √；25. ×；26. ×；27. √；28. ×；29. √；30. √；31. √；32. √；33. √；34. ×；35. ×；36. ×；37. ×；38. √；39. ×；40. ×；41. ×；42. ×；43. ×；44. ×；45. ×；46. ×；47. ×；48. ×；49. √；50. ×；51. √；52. ×；53. √；54. √；55. √。

三、选择题

1. B；2. A；3. A；4. B；5. A；6. C；7. D；8. D；9. A；10. C；11. D；12. C；13. B；14. C；15. C；16. A；17. D；18. C；19. B；20. C；21. B；22. D；23. C；24. A；25. C；26. A；27. A；28. C、A、B；29. A；30. C；31. A；32. D；33. B；34. B；35. C；36. C；37. A；38. D；39. A；40. D；41. D；42. B；43. D；44. C；45. B；46. A；47. C；48. C；49. A；50. D；51. D；52. C；53. C；54. D。

四、简答题

1. 数控铣床的加工特点为：能加工形状复杂零件；具有高度柔性；加工精度高、质量稳定；自动化程度高、工人劳动强度低；生产效率高；经济效益高；有利于生产管理的现代化。

应用场合：主要用于加工多品种、小批量生产零件；结构形状复杂零件；频繁改形零件；价值昂贵，不允许报废零件等。

2. 1）保持良好的润滑状态，定期检查、清洗自动润滑系统，增加更换油脂、油液的频率等，以减少磨损。

2）进行机械精度的检查调整，以保持各运动部件之间的装配精度。

3）经常清扫，防止机、电、液部分发生故障。

3. 在数控机床上，为确定机床运动的方向和距离，必须要有一个坐标系才能实现，我们把这种机床固有的坐标系称为机床坐标系。

4. 机床参考点是机床上的一个固定位置点，用于确定机床坐标系及坐标系原点。在数控机床断电、按下急停开关、空运行、超越行程极限等情况下，数控机床会失去对参考点的记忆，此时必须重回参考点。

5. 法那克系统程序名以大写字母“O”开头，后跟四位阿拉伯数字；西门子系统由2～8位字母、数字、下划线组成，开始两位必须为字母。

6. 工件坐标系又称编程坐标系，是编程人员为方便编写数控程序而人为建立的坐标系，一般建立在工件上或零件图样上。工件坐标系的建立原则有：工件坐标系与所用数控机床坐标系方向一致；工件坐标系 Z 轴零点一般选择在工件上表面；X、Y 轴零点一般选择在工件几何中心或便于计算工件节点坐标的位置。

7. 1）把进给倍率调到0%。2）按机床复位键。3）按下紧急停止按钮。4）关闭电源开关。

8. 图 1-1 所示工件的坐标系应建立在工件几何中心上，上表面为 Z0 点。原因是该工件呈几何对称，能保证工件坐标系与设计基准重合，编程时基点坐标计算方便。

9. 图 1-2 所示工件的坐标系应建立在工件左下角点上，上表面为 Z0。原因是该工件尺寸标注基准为左侧面及下面，这样建立坐标系，在编程时方便计算基点坐标。

模块二　平面图形加工

一、填空题

1. 顺序号字、尺寸字、进给功能字、主轴转速功能字、刀具功能字、准备功能字、辅助功能字。

2. N、段首、校对、检索

3. mm/min

4. 进给功能、刀具功能

5. 刀具快速点定位、空行程或退刀、直线插补、沿直线加工

6. 机床规定的、目标位置

7. 切削液开、切削液关

8. 模态

9. 接通或断开、PLC

10. 建立机床或数控系统工种方式的

11. 目标点的坐标

12. 5～10

13. 直线加工目标点的坐标、进给速度

14. 轮廓表面各几何要素间的连接点、交点、切点

15. =

16. 辅助功能

17. 键槽铣刀

18. X/Y、Z/X、Y/Z

19. X/Y

20. 顺时针圆弧插补、逆时针圆弧插补

21. 切削速度、进给量、背吃刀量、侧吃刀量

22. 圆弧插补终点坐标、圆弧半径、进给速度

23. 圆弧起点到圆心在 X 轴方向的增量、圆弧起点到圆心在 Y 轴方向的增量、进给速度

24. G17 G03 X21 Y16 R23；、G17 G03 X21 Y16 CR =23；、G17 G03 X21 Y16 I -11. 4 J -20；

25. G18 G02/G03 X __ Z __ R （CR =）__ F __；

26. G19 G02/G03 Z __ Y __ R （CR =）__ F __；

27. G02/G03 I30 J0 F100；、G02/G03 I0 J30 F100；、G02/G03 I -30 J0 F100；、G02/G03 I0 J -30 F100；

28. 绝对坐标、相对坐标

29. U、V、W

30. 工件坐标系原点、刀具前一位置点

二、判断题

1. √；2. ×；3. ×；4. ×；5. ×；6. √；7. ×；8. √；9. ×；10. ×；11. √；12. ×；13. ×；14. √；15. √；16. ×；17. ×；18. √；19. ×；20. √；21. √；22. ×；23. √；24. ×；25. √；26. √；27. ×；28. ×；29. ×；30. √；31. ×；32. √；33. ×；34. √；35. √；36. ×；37. √；38. √；39. √；40. √；41. √；42. ×；43. ×；44. ×；45. ×；46. ×；47. ×；48. √；49. √；50. √；51. √；52. ×；53. ×；54. √；55. √；56. ×；57. √。

三、选择题

1. A；2. D；3. B；4. D；5. B；6. B；7. D；8. A；9. A；10. D；11. A；12. D；13. A；14. A；15. B；16. A；17. B；18. A；19. B；20. D；21. C；22. A；23. B；24. C；25. D；26. C；27. B；28. B；29. A；30. B；31. B；32. C；33. C；34. C。

四、简答题

1. 快速点定位，指刀具以机床规定的速度（快速）运动到目标点。主要用于空行程、退刀等场合缩短切削时间，提高切削效率。

2. 直线插补，刀具以编程给定的进给速度运动到目标点。主要用于直线轮廓的加工。

3. 从不在插补平面坐标轴正方向往负方向看，顺时针用 G02，逆时针用 G03。

4. 指输入尺寸表示目标点绝对坐标值，即相对于工件坐标系的坐标。

5. 指输入尺寸表示目标点相对于前一位置的移动增量（正负号由移动方向定）或相对于前一位置点的相对坐标。

五、编程题

1. 编程提示：加工前应设置工件坐标系，设定主轴正转转速及刀具号等。刀具空间移动及退刀用 G00 指令，下刀及直线加工用 G01 指令，进给速度选 50 ~100mm/min。加工三

角形参考程序见表 A-1，法那克系统的程序名为“O0021”，西门子系统的程序名为“XX0021. MPF”，两套系统的程序相同。

表 A-1　三角形数控加工程序

程序段号	程序内容	指令含义
N10	G54 G90 T1	设置工件坐标系，选择刀具
N20	M3 S1000	主轴正转，转速为 1000r/min
N30	G00 X0 Y0Z5	刀具快速移动至下刀位置
N40	G01 Z-1 F50	进给，进给速度为 50mm/min
N50	X68 Y28 F100	直线加工至点 A，进给速度为 100mm/min
N60	X60 Y82	直线加工至点 B，进给速度为 100mm/min
N70	X0 Y0	直线加工至原点，进给速度为 100mm/min
N80	G00 Z100	快速抬刀
N90	M05	主轴停止
N100	M30	程序结束

2. 编程提示：加工前应设置工件坐标系、主轴转速等参数。刀具空间移动及退刀用 G00 指令，进给及直线加工用 G01 指令，每一笔画加工结束后，应注意设置抬刀程序，让刀具在空间移动至下一笔画加工位置。加工字母参考程序见表 A-2，法那克系统程序名“O0022”，西门子系统程序名为“XX0022. MPF”，两套系统的程序相同。

表 A-2　字母数控加工程序

程序段号	程序内容	指令含义
N10	G00 G54 X0 Y0 Z100 M3 S1200 T1	设置铣削参数
N20	X9 Y8 Z5	刀具移至点（9，8）
N30	G01 Z-1 F50	进给，深 1mm，进给速度为 50mm/min
N40	Y32 F100	直线加工至（9，32），进给速度为 100mm/min
N50	G00 Z5	抬刀
N60	X24	刀具空间移动至点（24，32）
N70	G01 Z-1 F50	进给，深 1mm，进给速度为 50mm/min
N80	Y8 F100	直线加工至（24，8），进给速度为 100mm/min
N90	G00 Z5	抬刀
N100	Y20	刀具空间移动至点（24，20）
N110	G01 Z-1 F50	进给，深 1mm，进给速度为 50mm/min
N120	X9 F100	直线加工至（9，20），进给速度为 100mm/min
N130	G00 Z5	抬刀
N140	X47 Y8	刀具空间移动至点（47，8）
N150	G01 Z-1 F50	进给，深 1mm，进给速度为 50mm/min
N160	X32 F100	直线加工至（32，8），进给速度为 100mm/min
N170	Y32	直线加工至（32，32），进给速度为 100mm/min

（续）

程序段号	程序内容	指令含义
N180	X47	直线加工至（47，32），进给速度为100mm/min
N190	G00 Z5	抬刀
N200	Y20	刀具空间移动至点（47，20）
N210	G01 Z－1 F50	进给，深1mm，进给速度为50mm/min
N220	X32 F100	直线加工至（32，20），进给速度为100mm/min
N230	G00 Z5	抬刀
N240	X55 Y8	刀具空间移动至点（55，8）
N250	G01 Z－1 F50	进给，深1mm，进给速度为50mm/min
N260	Y32 F100	直线加工至（55，32），进给速度为100mm/min
N270	X70 Y8	直线加工至（70，8），进给速度为100mm/min
N280	Y32	直线加工至（70，32），进给速度为100mm/min
N290	G00 Z100	抬刀
N300	M05	主轴停止
N310	M30	程序结束

3. 编程提示：加工前设置铣削参数，刀具起点位置为（5，5），下刀位置为A（40，20）点。绝对坐标、相对坐标参考程序见表A-3。

表A-3　绝对坐标、相对坐标数控加工程序

程序段号	绝对坐标编程	相对坐标编程	指令含义
N10	G00 G54 X5 Y5 Z100 M3 S1200	G00 G54 X5 Y5 Z100 M3 S1200	设置铣削参数及起刀点位置
N20	T1	T1	选择刀具
N30	G90 G00 X40 Y20 Z5	G91 G00 X35 Y15 Z－95	刀具移至点A上方5mm
N40	G01 Z－1 F50	G01 Z－1 F50	进给，深1mm，进给速度为50mm/min
N50	X85 Y50 F100	X45 Y30 F100	直线加工至点B，进给速度为100mm/min
N60	X－15 Y70	X－100 Y20	直线加工至点C，进给速度为100mm/min
N70	X40 Y20	X55 Y－50	直线加工至点A，进给速度为100mm/min
N80	G00 Z100	G00 Z101	抬刀至点A上方100mm
N90	X5 Y5	X－35 Y－15	刀具空间移至起点D
N100		G90	绝对坐标指令
N110	M05	M05	主轴停止
N120	M30	M30	程序结束

4. 编程提示：加工前设置铣削参数，加工圆弧时应注意圆弧插补方向，点D至点C圆弧的圆心角大于180°，若用半径指令格式编程，则半径值为负值。加工圆弧槽参考程序见表A-4，法那克系统程序名为“O0024”，西门子系统程序名为“XX0024. MPF”。

表 A-4　圆弧槽数控加工程序

程序段号	法那克系统程序	西门子系统程序	指令含义
N10	G00 G54 X0 Y0 Z100 M3 S1200 T1	G00 G54 X0 Y0 Z100 M3 S1200 T1	设置铣削参数
N20	Y20 Z5	Y20 Z5	刀具空间移至起刀点
N30	G01 Z-3 F50	G01 Z-3 F50	进给，进给速度为50mm/min
N40	G03 X-20 Y0 R-20 F80	G03 X-20 Y0 CR=-20 F80	逆时针加工圆弧至点 C
N50	G02 X-70 Y0 R25	G02 X-70 Y0 CR=25	顺时针加工圆弧至点 B
N60	G03 X-88 Y18 R18	G03 X-88 Y18 CR=18	逆时针加工圆弧至点 A
N70	G00 Z100	G00 Z100	抬刀
N80	M05	M05	主轴停止
N90	M30	M30	程序结束

5. 编程提示：加工前需设置铣削参数，先定任一基点位置下刀，一次性加工梅花槽后抬刀，顺时针、逆时针方向任选。加工梅花槽参考程序见表 A-5，法那克系统程序名为“O0025”，西门子系统程序名为“XX0025. MPF”。

表 A-5　梅花槽数控加工程序

程序段号	法那克系统程序	西门子系统程序	指令含义
N10	G00 G54 X0 Y0 Z100 M3 S1200 T1	G00 G54 X0 Y0 Z100 M3 S1200 T1	设置铣削参数、起点位置
N20	X10 Y10 Z5	X10 Y10 Z5	刀具空间移至起刀点（10，10，5）
N30	G01 Z-2 F50	G01 Z-2 F50	进给，进给速度为50mm/min
N40	Y15 F80	Y15 F80	直线加工至（10，15）
N50	G03 X-10 Y15 R10	G03 X-10 Y15 CR=10	逆时针加工圆弧至（-10，15）
N60	G01 Y10	G01 Y10	直线加工至（-10，10）
N70	X-15	X-15	直线加工至（-15，10）
N80	G03 Y-10 R10	G03 Y-10 CR=10	逆时针加工圆弧至（-15，-10）
N90	G01 X-10	G01 X-10	直线加工至（-10，-10）
N100	Y-15	Y-15	直线加工至（-10，-15）
N110	G03 X10 R10	G03 X10 CR=10	逆时针加工圆弧至（10，-15）
N120	G01 Y-10	G01 Y-10	直线加工至（10，-10）
N130	X15	X15	直线加工至（15，-10）
N140	G03 Y10 R10	G03 Y10 CR=10	逆时针加工圆弧至（15，10）
N150	G01 X10	G01 X10	直线加工至（10，10）
N160	G00 Z100	G00 Z100	抬刀
N170	M05	M05	主轴停止
N180	M30	M30	程序结束

模块三　孔加工

一、填空题

1. G43、G44、G49

2. H、H00、H99

3. 30、0

4. 该刀具及其刀沿号、D1

5. 中心钻

6. M03

7. 钻孔位置 X、Y 坐标，孔底 Z 坐标，切削进给速度，孔底停留时间

8. 绝对坐标、绝对坐标、无符号

9. G80

10. 暂停一定时间、退出一定距离

11. 退至初始平面、退至 R 平面

12. 每次切削进给的背吃刀量、切削进给速度

13. 绝对坐标、无符号、无符号

14. ≤12mm 、 >12mm

15. ≥5

16. 排屑、冷却

17. IT6 ~ IT7、*Ra*0.4

18. 铰刀、切削部分、修光部分

19. G01、G01

20. 暂停

21. 相同、.SPF

22. 需要重复进行加工的轮廓形状，或零件上相同形状轮廓的加工

23. O2233、3

24. M99，M2、M17 或 RET

25. 铣刀旋转方向与工件进给速度方向相同、铣刀旋转方向与工件进给速度方向相反、顺铣。

26. 直径较大孔的精加工

27. 镗孔位置 X、Y 坐标，孔底位置 Z 坐标，从初始位置到 R 点位置的距离，切削进给速度

28. 镗孔进给率、返回进给率

29. G76

30. 孔底位置 Z 坐标、孔底停留时间、切削进给速度

31. 位置控制主轴

32. 丝锥

33. 重合

34. 10，1.5

35. 攻螺纹

36. $\phi 8.5$mm

二、判断题

1. √；2. ×；3. √；4. ×；5. ×；6. √；7. ×；8. ×；9. √；10. ×；11. √；12. ×；13. √；14. ×；15. ×；16. ×；17. √；18. √；19. ×；20. ×；21. ×；22. ×；23. √；24. ×；25. √；26. ×；27. ×；28. √；29. ×；30. ×；31. ×；32. √；33. √；34. ×；35. √；36. √；37. √；38. √；39. ×；40. √；41. √；42. ×；43. ×；44. √；45. √。

三、选择题

1. B；2. A；3. C；4. C；5. C；6. B；7. D；8. B；9. B；10. C；11. B；12. D；13. C；14. A；15. C；16. C；17. B；18. D；19. C；20. C；21. C；22. B；23. B；24. C；25. B；26. B；27. A；28. B；29. D；30. A；31. B；32. B；33. B；34. C；35. D；36. C。

四、简答题

1. 钻孔是用 G01 指令使钻头钻削至孔底，停留一定时间，以 G00 速度退回的程序。钻深孔由于孔较深，冷却、排屑困难，易使麻花钻折断，故深孔钻头钻至一定深度时需停顿一定时间或退出钻头，以便于断屑、排屑。

2. 1）铰孔前，需用中心钻和麻花钻钻中心孔和钻孔，其中钻头直径应比孔径小 0.2～0.3mm。2）铰孔时应选择合理的铰削用量，以保证铰孔表面质量。3）铰刀安装在铣床主轴上需进行找正，防止铰孔后孔径变大。4）铰孔时可加注适量润滑油，以提高铰孔表面质量。5）当执行 M00 暂停指令时，不允许手动移动机床，只能在原位置手动换刀。

3. 法那克系统用指令 M98 P×××　××××调用子程序，P 后跟调用次数及子程序名，如 M98 P23333 意思是连续调用 O3333 子程序 2 次。西门子系统直接用子程序名调用，当要求多次调用时，则在子程序名后用 P 地址写入调用次数，如 L30 P3 即连续调用 L30. SPF 子程序 3 次。

4. 顺铣铣刀刀齿切入工件的切削厚度由最大逐渐减少至零，刀齿切入容易，且铣刀后刀面与已加工表面的挤压、摩擦小，切削刃磨损慢，加工出的工件表面质量较高。主要用于表面没有硬皮和杂质工件的铣削。

逆铣铣刀刀齿沿已加工表面切入工件，刀齿存在“滑行”现象，已加工表面质量差，刀齿易磨损。主要用于表面有硬皮的毛坯件的铣削。

5. 镗刀头伸出长度为 $L=(d_1-d_2)/2=(32\text{mm}-20\text{mm})/2=6\text{mm}$。加工时可根据试切、试测结果进行微调以控制尺寸精度。

6. 1）将百分表装在机床主轴上。2）X 轴对刀：手动旋转主轴，将测量头接近 A、C 两点，调整机床 X 方向，使百分表在 A、C 两个位置的偏移量相等，然后通过面板操作进行 X 轴的对刀。3）Y 轴对刀：手动旋转主轴，将测量头接近 B、D 两点，调整机床 Y 方向，使百分表在 B、D 两个位置的偏移量相等，然后通过面板操作进行 Y 轴的对刀。

7.1）攻内螺纹前，应先钻螺纹底孔。对于钢等塑性材料，底孔直径按公式 $d_0 = d - P$ 计算；对于铸铁等脆性材料，按公式 $d_0 = d - (1.05 \sim 1.1)P$ 计算。底孔深度 = 所需螺纹深度 +0.7d。

2）选择尺寸、规格相符的丝锥。

3）编程中调用螺纹循环前，应指定主轴转速和方向。西门子系统在调用循环前，还需使丝锥处于攻螺纹位置。

4）法那克系统的进给速度要严格按公式计算，否则会乱扣。

五、编程题

1. 编程提示：1）工件上表面找平，钻孔前先用中心钻钻九个孔位中心孔，刀具号为 T1。

2）换 ϕ10mm 钻头，调用钻孔循环加工 3 个 ϕ10mm 孔，刀具号为 T2。

3）换 ϕ6mm 钻头，调用深孔循环加工 6 个 ϕ6mm 孔，刀具号为 T3。

4）工件坐标系原点选在工件上表面几何中心点。钻孔参考程序见表 A-6，法那克系统程序名为“O0031”，西门子系统程序名为“XX0031. SPF”。

表 A-6　钻孔数控加工程序

程序段号	法那克系统程序	西门子系统程序	指令含义
N10	G00 G54 Z100 M3 S1200 T1 M08	G00 G54 Z100 M3 S1200 T1 D1 M08	设置钻中心孔参数
N20	G43 Z10 H01	X - 12.5 Y12.5 Z10 F60	刀具移至钻孔位置，调用钻孔循环钻中心孔
N30		CYCLE82（5，0，3，-3，，2）	
N35	G82 G99 X - 12.5 Y12.5 Z - 3 R5 P2 F60		
N40	X0	X0	刀具移至第二孔位置，调用钻孔循环钻中心孔
N45		CYCLE82（5，0，3，-3，，2）	
N50	X12.5	X12.5	刀具移至第三孔位置，调用钻孔循环钻中心孔
N55		CYCLE82（5，0，3，-3，，2）	
N60	X - 12.5 Y0	X - 12.5 Y0	刀具移至第四孔位置，调用钻孔循环钻中心孔
N65		CYCLE82（5，0，3，-3，，2）	
N70	X0	X0	刀具移至第五孔位置，调用钻孔循环钻中心孔
N75		CYCLE82（5，0，3，-3，，2）	
N80	X12.5	X12.5	刀具移至第六孔位置，调用钻孔循环钻中心孔
N85		CYCLE82（5，0，3，-3，，2）	
N90	X - 12.5 Y - 12.5	X - 12.5 Y - 12.5	刀具移至第七孔位置，调用钻孔循环钻中心孔
N95		CYCLE82（5，0，3，-3，，2）	
N100	X0	X0	刀具移至第八孔位置，调用钻孔循环钻中心孔
N105		CYCLE82（5，0，3，-3，，2）	
N110	X12.5	X12.5	刀具移至第九孔位置，调用钻孔循环钻中心孔
N115		CYCLE82（5，0，3，-3，，2）	

（续）

程序段号	法那克系统程序	西门子系统程序	指令含义
N120	G00 G80 Z200 M09	G00 Z200 M09	退回中心钻，切削液关
N130	M05 M00	M05 M00	主轴停止、程序停止、手动换φ10mm钻头
N140	M03 S600 M08 T2	M03 S600 M08 T2 D1	主轴正转，转速为600r/min
N150	G00 G43 Z10 H02	G00 X-12.5 Y0 Z10 F100	刀具移至钻孔位置
N155		CYCLE82（5，0，3，-8,，2）	钻孔深度为8mm
N160	G82 G99 X-12.5 Y0 Z-8 R5 F100		调用钻孔循环，钻孔
N170	X0	X0	刀具移至钻孔位置，调用钻孔循环，钻孔
N175		CYCLE82（5，0，3，-8,，2）	
N180	X12.5	X12.5	刀具移至钻孔位置，调用钻孔循环，钻孔
N185		CYCLE82（5，0，3，-8,，2）	
N190	G00 G80 Z200 M09	G00 Z200 M09	刀具退回至换刀点，切削液关
N200	M05 M00	M05 M00	主轴停止、程序停止、手动换φ6mm钻头
N210	M03 S800 M08 T3	M03 S800 M08 T3 D1	主轴正转，转速为800r/min
N220	G43 Z10 H03	G00 X-12.5 Y12.5 Z10	刀具移至钻孔位置，调用深孔循环钻孔
N230		CYCLE83（5，0，3，-23,,，8，3，2，1，0.5,,）	
N235	G83 X-12.5 Y12.5 Z-23 R5 Q5 F100		
N240	X0	X0	刀具移至钻孔位置，调用深孔循环，钻孔
N245		CYCLE83（5，0，3，-23,,，8，3，2，1，0.5,,）	
N250	X12.5	X12.5	刀具移至钻孔位置，调用深孔循环，钻孔
N255		CYCLE83（5，0，3，-23,,，8，3，2，1，0.5,,）	
N260	X-12.5 Y-12.5	X-12.5 Y-12.5	刀具移至钻孔位置，调用深孔循环，钻孔
N265		CYCLE83（5，0，3，-23,,，8，3，2，1，0.5,,）	
N270	X0	X0	刀具移至钻孔位置，调用深孔循环，钻孔
N275		CYCLE83（5，0，3，-23,,，8，3，2，1，0.5,,）	
N280	X12.5	X12.5	刀具移至钻孔位置，调用深孔循环，钻孔
N285		CYCLE83（5，0，3，-23,,，8，3，2，1，0.5,,）	
N290	G00 G80 Z200	G00 Z200	刀具退回（取消钻孔循环）
N300	G49 Z200		取消刀具长度补偿
N310	M09	M09	切削液关
N320	M05	M05	主轴停止
N330	M30	M30	程序结束

2. 编程提示：工件上表面应找平，铰孔前需先钻中心孔（深3mm），再钻孔（钻头直径选 ϕ7.8mm，深度13mm），最后用铰刀铰五个孔，工件坐标系原点选在工件上表面几何中心点。铰孔参考程序见表A-7，法那克系统程序名为“O0032”，西门子系统程序名为“XX0032. MPF”。

表A-7 铰孔数控加工程序

程序段号	法那克系统程序	西门子系统程序	指令含义
N10	G00 G54Z100 M03 S1200 T1 M08	G00 G54 Z100 M03 S1200 T1 D1 M08	设置钻中心孔参数
N20	G43 Z10 H01	X0 Y0 Z10 F60	刀具移动至钻孔位置，调用钻孔循环钻中心孔
N30		CYCLE82（5，0，3，-3，，2）	
N35	G82 G99 X0 Y0 Z-3 R5 P2 F60		
N40	X-12.5 Y12.5	X-12.5 Y12.5	刀具移至第二孔位置，调用循环钻中心孔
N45		CYCLE82（5，0，3，-3，，2）	
N50	X12.5	X12.5	刀具移至第三孔位置，调用循环钻中心孔
N55		CYCLE82（5，0，3，-3，，2）	
N60	X-12.5 Y-12.5	X-12.5 Y-12.5	刀具移至第四孔位置，调用循环钻中心孔
N65		CYCLE82（5，0，3，-3，，2）	
N70	X12.5	X12.5	刀具移至第五孔位置，调用循环钻中心孔
N75		CYCLE82（5，0，3，-3，，2）	
N80	G00 G80 Z200 M09	G00 Z200 M09	抬刀、切削液关
N90	M05 M00	M05 M00	主轴停止、程序停止、换 ϕ7.8mm 钻头
N100	M03 S1000 M08 T2	M03 S1000 M08 T2 D1	设置钻孔转速、切削液开
N110	G00 G43 Z10 H02	G00 X0 Y0 Z10 F100	刀具移至钻孔位置，调用循环钻孔
N115		CYCLE82（5，0，3，-13，，0）	
N120	G82 G99 X0 Y0 Z-13 R5 P2 F100		
N130	X-12.5 Y12.5	X-12.5 Y12.5	刀具移至第二孔位置，调用循环钻孔
N135		CYCLE82（5，0，3，-13，，0）	
N140	X12.5	X12.5	刀具移至第三孔位置，调用循环钻孔
N145		CYCLE82（5，0，3，-13，，0）	
N150	X-12.5 Y-12.5	X-12.5 Y-12.5	刀具移至第四孔位置，调用循环钻孔
N160		CYCLE82（5，0，3，-13，，0）	
N170	X12.5	X12.5	刀具移至第五孔位置，调用循环钻孔
N180		CYCLE82（5，0，3，-13，，0）	
N190	G00 G80 Z200 M09	G00 Z200 M09	抬刀（取消钻孔循环）
N200	M05 M00	M05 M00	主轴停止、程序停止、换铰刀
N205	M03 S300 T3	M03 S300 T3 D1	设置铰孔转速

（续）

程序段号	法那克系统程序	西门子系统程序	指令含义
N210	G00 G43 X0 Y0 Z10 H03 M08	G00 X0 Y0 M08 F60	刀具移至铰孔位置
N220	G01 Z－13 F50	G01 Z－13 F50	铰孔至孔底
N230	Z5	Z5	铰刀退出
N240	G00 X－12.5 Y12.5	G00 X－12.5 Y12.5	刀具移至铰孔位置
N250	G01 Z－13 F50	G01 Z－13 F50	铰孔至孔底
N260	Z5	Z5	铰刀退出
N270	G00 X12.5	G00 X12.5	刀具移至铰孔位置
N280	G01 Z－13 F50	G01 Z－13 F50	铰孔至孔底
N290	Z5	Z5	铰刀退出
N300	G00 X－12.5 Y－12.5	G00 X－12.5 Y－12.5	刀具移至铰孔位置
N310	G01 Z－13 F50	G01 Z－13 F50	铰孔至孔底
N320	Z5	Z5	铰刀退出
N330	G00 X12.5	G00 X12.5	刀具移至铰孔位置
N340	G01 Z－13 F50	G01 Z－13 F50	铰孔至孔底
N350	Z5	Z5	铰刀退出
N360	G00 G49 Z200	G00 Z200	铰刀退回
N370	M05	M05	主轴停止
N380	M30	M30	程序停止

3. 编程提示：工件上表面找平，需垂直进给，选 ϕ8mm 高速钢键槽铣刀，编程时需按刀心轨迹编程，其中四个 ϕ10mm 孔用子程序加工，工件坐标系原点选在工件上表面几何中心点。铣孔参考程序见表 A-8，法那克系统程序名为“O0033”，西门子系统程序名为“XX0033.MPF”。

表 A-8 铣孔数控加工程序

程序段号	法那克系统程序	西门子系统程序	指令含义
N10	G00 G54 X0 Y0 Z100 M03 S1200 T1	G00 G54 X0 Y0 Z100 M03 S1200 T1	设置铣削参数
N20	G43 Z10 H01	Z10	加工 $\phi20^{+0.1}_{0}$mm 孔
N30	G01 Z－5.03 F50	G01 Z－5.03 F50	
N40	X6.05	X6.05	
N50	G03 I－6.05 J0 F100	G03 I－6.05 J0 F100	
N60	G01 X1.05	G01 X1.05	刀具移至（1.05，0）
N70	Z－10.05 F50	Z－10.05 F50	加工 $\phi10^{+0.1}_{0}$mm 孔
N80	G03 I－1.05 J0 F100	G03 I－1.05 J0 F100	
N90	G00 Z5	G00 Z5	抬刀

（续）

程序段号	法那克系统程序	西门子系统程序	指令含义
N100	X16 Y15	X16 Y15	加工右上角 $\phi10^{+0.1}_{0}$mm 孔
N110	M98 P0002	L20	
N120	X16 Y−15	X16 Y−15	加工右下角 $\phi10^{+0.1}_{0}$mm 孔
N130	M98 P0002	L20	
N140	X−14 Y−15	X−14 Y−15	加工左下角 $\phi10^{+0.1}_{0}$mm 孔
N150	M98 P0002	L20	
N160	X−14 Y15	X−14 Y15	加工左上角 $\phi10^{+0.1}_{0}$mm 孔
N170	M98 P0002	L20	
N180	G00 Z200	G00 Z200	抬刀
N190	M05	M05	主轴停止
N200	M30	M30	程序结束

孔加工子程序见表 A-9，法那克系统程序名为“O0002”，西门子系统程序名为“L20. SPF”。

表 A-9　孔加工子程序

程序段号	法那克系统程序	西门子系统程序
N10	G01 Z−5.03 F50	G01 Z−5.03 F50
N20	G03 I−1.05 J0 F100	G03 I−1.05 J0 F100
N30	G00 Z5	G00 Z5
N40	M99	M17

4. 编程提示：工件上表面找平，镗孔前需按排钻中心孔、钻孔及铣孔作为孔粗加工、半精加工，钻头直径选 ϕ22mm，铣刀直径选 ϕ10mm，工件坐标系原点选在工件上表面几何中心点。镗孔参考程序见表 A-10，法那克系统程序名为“O0034”，西门子系统程序名为“XX0034. MPF”。

表 A-10　镗孔数控加工程序

程序段号	法那克系统程序	西门子系统程序	指令含义
N10	G00 G54 X0 Y0 Z100 M03 S1200 T1	G00 G54 X0 Y0 Z100 M03 S1200 T1	设置钻削参数
N20	G43 Z10 H01 M08	Z10 M08 F60	刀具移至钻中心孔位置，设置循环参数，调用钻孔循环钻中心孔
N30		CYCLE82（5，0，3，−3，，2）	
N35	G82 X0 Y0 Z−3 R5 P2 F60		
N40	G00 Z200 M09	G00 Z200 M09	抬刀、切削液关
N50	M00 M05	M00 M05	程序停止、主轴停止、手动换 ϕ22mm 钻头

（续）

程序段号	法那克系统程序	西门子系统程序	指令含义
N60	M03 S600 T2	M03 S600 T2	设置钻孔转速
N70	G43 Z5 H02 M08	G00 X0 Y0 Z5 M08	刀具移至钻孔位置，切削液开，调用循环钻孔
N75		CYCLE82（5，0，3，-19，，2）	
N80	G82 X0 Y0 Z-19 R5 F100		
N90	G00 G80 Z200 M09	G00 Z200 M09	抬刀、切削液关
N100	M00 M05	M00 M05	程序停止、主轴停止、换 ϕ10mm 铣刀
N110	M03 S1000 T3	M03 S1000 T3	设置铣削转速
N120	G43 X0 Y0 Z5 H03	X0 Y0 Z5	铣削 $\phi32^{+0.052}_{0}$ mm 孔，留 0.5mm 余量
N130	G01 Z-5.03 F50	G01 Z-5.03 F50	
N140	X10.5 F100	X10.5 F100	
N150	G03 I-10.5 J0	G03 I-10.5 J0	
N160	G01 X0 Y0	G01 X0 Y0	刀具移至原点
N170	Z-16 F50	Z-16 F50	下刀
N180	X7.7 F100	X7.7 F100	铣削 $\phi26.4^{+0.052}_{0}$ mm 孔，留 0.5mm 余量
N190	G03 I-7.7 J0	G03 I-7.7 J0 F100	
N200	G01 X0 Y0	G01 X0 Y0	
N210	G00 Z200	G00 Z200	抬刀
N220	M00 M05	M00 M05	程序停止、主轴停止、换 $\phi32^{+0.052}_{0}$ mm 镗刀
N230	M03 S1000 T4	M03 S1000 T4	设置镗孔转速
N240	G43 X0 Y0 Z5 H04	X0 Y0 Z5	刀具移至镗孔位置
N250	G01 Z-5.03 F60	G01 Z-5.03 F60	镗 $\phi32^{+0.052}_{0}$ mm 孔
N260	Z5	Z5	刀具退出
N270	M00 M05	M00 M05	程序停止、主轴停止、换镗刀
N280	M03 S1000 T5	M03 S1000 T5	设置镗孔转速
N290	G00G43 X0 Y0 Z5 H05	G00 X0 Y0 Z5	刀具移至镗孔位置
N300	G01 Z-16 F60	G01 Z-16 F60	镗 $\phi26.4^{+0.052}_{0}$ mm 孔
N310	Z5	Z5	刀具退出
N320	G00 G49 Z200	G00 Z200	刀具退回
N330	M05	M05	主轴停止
N340	M30	M30	程序结束

5. 编程提示：工件上表面找平，攻螺纹前应先钻七个中心孔，然后钻七个孔，最后攻螺纹，钻孔时钻头直径选 ϕ8.5mm，工件坐标系原点选在工件上表面几何中心点。攻螺纹参考程序见表 A-11，法那克系统程序名为“O0035”，西门子系统程序名为“XX0035.MPF”。

表 A-11 攻螺纹数控加工程序

程序段号	法那克系统程序	西门子系统程序	指令含义
N10	G00 G54 X0 Y0 Z100 M03 S1200 T1	G00 G54 X0 Y0 Z100 M03 S1200 T1	设置钻中心孔参数
N20	G43 Z10 H01 M08	Z10 M08 F60	下刀
N30		CYCLE82 (5, 0, 3, -3,, 2)	设置循环参数，调用钻孔循环钻中心孔
N35	G82 X0 Y0 Z-3 R5 P2 F60		
N40	X-15 Y15	X-15 Y15	刀具移至第二孔位置，调用钻孔循环钻中心孔
N45		CYCLE82 (5, 0, 3, -3,, 2)	
N50	X0	X0	刀具移至第三孔位置，调用钻孔循环钻中心孔
N55		CYCLE82 (5, 0, 3, -3,, 2)	
N60	X15	X15	刀具移至第四孔位置，调用钻孔循环钻中心孔
N65		CYCLE82 (5, 0, 3, -3,, 2)	
N70	X-15 Y-15	X-15 Y-15	刀具移至第五孔位置，调用钻孔循环钻中心孔
N75		CYCLE82 (5, 0, 3, -3,, 2)	
N80	X0	X0	刀具移至第六孔位置，调用钻孔循环钻中心孔
N85		CYCLE82 (5, 0, 3, -3,, 2)	
N90	X15	X15	刀具移至第七孔位置，调用钻孔循环钻中心孔
N95		CYCLE82 (5, 0, 3, -3,, 2)	
N100	G00 Z200 M09	G00 Z200 M09	抬刀、切削液关
N110	M00 M05	M00 M05	程序停止、主轴停止、换 ϕ8.5mm 钻头
N120	M03 S1000 T2	M03 S1000 T2	设置钻孔转速
N130	G00 Z5 H02 M08	G00 X0 Y0 Z5 M08	刀具移至钻孔位置，调用钻深孔循环，钻第一孔
N140		CYCLE83 (5, 0, 3, -23,, -8,, 3, 2, 2, 0.5, 1)	
N145	G83 X0 Y0 Z-23 R5 Q5 F100		
N150	X-15 Y15	X-15 Y15	刀具移至钻孔位置，调用钻深孔循环，钻第二孔
N155		CYCLE83 (5, 0, 3, -23,, -8,, 3, 2, 2, 0.5, 1)	
N160	X0	X0	刀具移至钻孔位置，调用钻深孔循环，钻第三孔
N165		CYCLE83 (5, 0, 3, -23,, -8,, 3, 2, 2, 0.5, 1)	
N170	X15	X15	刀具移至钻孔位置，调用钻深孔循环，钻第四孔
N175		CYCLE83 (5, 0, 3, -23,, -8,, 3, 2, 2, 0.5, 1)	
N180	X-15 Y-15	X-15 Y-15	刀具移至钻孔位置，调用钻深孔循环，钻第五孔
N185		CYCLE83 (5, 0, 3, -23,, -8,, 3, 2, 2, 0.5, 1)	
N190	X0	X0	刀具移至钻孔位置，调用钻深孔循环，钻第六孔
N195		CYCLE83 (5, 0, 3, -23,, -8,, 3, 2, 2, 0.5, 1)	

（续）

程序段号	法那克系统程序	西门子系统程序	指令含义
N200	X15	X15	刀具移至钻孔位置，调用钻深孔循环，钻第七孔
N205		CYCLE83（5，0，3，－23，，－8，，3，2，2，0.5，1）	
N210	G00 G80 Z200 M09	G00 Z200 M09	抬刀、切削液关
N220	M00 M05	M00 M05	程序停止、主轴停止、换M10丝锥
N230	M03 S200	M03 S200	设置攻螺纹转速
N240	G00 Z5 H03 M08	G00 X0 Y0 Z5 T3 M08	刀具移至攻螺纹位置，设置攻螺纹参数，调用攻螺纹循环攻螺纹
N250		CYCLE84（5，0，3，－23，，，3，10，，90，100，200）	
N255	G84 X0 Y0 Z－23 R5 F300		
N260	X－15 Y15	G00 X－15 Y15	攻第二螺纹
N265		CYCLE84（5，0，3，－23，，，3，10，，90，100，200）	
N270	X0	G00 X0	攻第三螺纹
N275		CYCLE84（5，0，3，－23，，，3，10，，90，100，200）	
N280	X15	G00 X15	攻第四螺纹
N285		CYCLE84（5，0，3，－23，，，3，10，，90，100，200）	
N290	X－15 Y－15	G00 X－15 Y－15	攻第五螺纹
N295		CYCLE84（5，0，3，－23，，，3，10，，90，100，200）	
N300	X0	G00 X0	攻第六螺纹
N305		CYCLE84（5，0，3，－23，，，3，10，，90，100，200）	
N310	X15	G00 X15	攻第七螺纹
N315		CYCLE84（5，0，3，－23，，，3，10，，90，100，200）	
N320	G00 G80 Z200	G00 Z200	抬刀（取消攻螺纹循环）
N330	M05	M05	主轴停止
N340	M30	M30	程序结束

模块四　轮廓加工

一、填空题

1. G71、G70
2. G21、G20
3. 每分钟进给量、每转进给量
4. 0.15mm/r、0.075mm/r
5. 面
6. 对称铣削、不对称铣削、不对称逆铣
7. 单向平行切削、往复平行铣切、环切切削、单向平行切削

8. 数控铣床的精度及工件定位夹紧方式

9. 0.6~0.8

10. 虚拟交点坐标、虚拟交点到拐角起点或终点的距离

11. 虚拟交点坐标、拐角起点到终点的距离

12. 虚拟交点坐标、倒圆部分圆弧半径

13. 虚拟交点坐标、倒圆部分圆弧半径

14. 刀具半径左补偿、刀具半径右补偿、取消刀具半径补偿

15. 直线移动

16. 刀具半径值

17. 返回参考点、从参考点返回

18. 中间点、直接

19. 返回参考点、从参考点返回

20. 小于

21. 行切、环切、综合切削、环切

22. 螺旋

23. 内表面

24. 5.2

25. 重合

二、判断题

1. ×；2. ×；3. ×；4. √；5. ×；6. ×；7. ×；8. ×；9. ×；10. √；11. √；12. √；13. √；14. √；15. ×；16. ×；17. √；18. √；19. ×；20. √；21. ×；22. √；23. √；24. √；25. √；26. ×；27. √；28. √；29. √；30. ×；31. √；32. ×；33. √；34. ×；35. ×；36. √；37. ×；38. √；39. √；40. ×；41. ×；42. √；43. ×；44. √；45. √；46. ×；47. ×。

三、选择题

1. C；2. B；3. C；4. A；5. B；6. D；7. B；8. A；9. D；10. C；11. A；12. A；13. B；14. C；15. B；16. A；17. D；18. D；19. C；20. C；21. A；22. A；23. C；24. B；25. D；26. B；27. B；28. C；29. C；30. A；31. A。

四、简答题

1. 1）单向平行铣削路径。刀具以单一顺铣或逆铣方式切削平面，无刀具切削痕迹，表面质量好，用于精铣平面。2）往复平行铣削路径。刀具以顺铣、逆铣混合方式切削平面，切削效果好，空刀时间少，但铣削刀痕不一致。3）环切切削路径。从里往外或从外往里进行环切，切削效果较好，但编程时基点坐标计算较复杂。

2. 使刀具在所选择的平面内向左或向右偏置一个半径值，编程时可按零件轮廓编程，不需计算刀心运动轨迹，从而方便计算基点坐标和编程。

使用刀具半径补偿功能应注意的问题有：1）只能在直线移动命令中建立或取消刀具补偿。2）使用刀具半径补偿功能应指定补偿平面。3）建立刀具半径补偿指令后，紧接着是工件轮廓的第一个程序段。4）使用刀具半径补偿功能时不能切换补偿平面。5）轮廓加工

结束后，方可取消刀具半径补偿。

3. 加工轮廓刀具一般应沿轮廓切线方向或轮廓延长线方向切入、切出。主要原因是可以避免在加工过程中因刀具停顿或刀具刚性变化而产生的刀痕。

4. 数控机床上的内、外轮廓尺寸精度均通过试切、试测等方法保证。加工过程中，通过设置刀具半径补偿值的大小预留精加工余量。精加工结束后，通过测量得出余量大小，修改刀具半径补偿值，再次运行程序来保证加工精度。例如，用 ϕ10mm 刀具铣削外轮廓，轮廓长度尺寸为 $100^{+0.052}_{0}$mm，预先将机床刀具半径补偿设置为 5.3mm；运行程序后，实测长度尺寸，若长度尺寸为 100.7mm，则双边余量大了 0.7 ~ 0.752mm，单边多 0.35 ~ 0.376mm，取中间值为 0.363mm。此时可将机床中刀具半径补偿修改为 5.3mm − 0.363mm = 4.937mm，然后重新运行程序进行加工，如此反复，直至尺寸符合要求为止。

五、编程题

1. 编程提示：表面质量要求不高，编写粗加工程序可完成零件的加工。加工时可以采用单向切削路径、往复切削路径、环切切削路径等方式，此处采用往复切削路径形式。选用立铣刀进行加工，刀具需从工件侧边进给，工件坐标系原点建立在工件上表面左下角点，行距为 10mm，加工材料为硬铝，主轴转速为 1000r/min，进给速度为 100mm/min。铣削平面参考程序见表 A-12，法那克系统程序名为“O0041”，西门子系统程序名为“XX0041.MPF”，两套系统程序相同。

表 A-12 铣削平面数控加工程序

程序段号	程序内容	指令含义
N10	G00 G54 X0 Y0 Z100 M03 S1000 T1	设置加工参数
N20	X − 8 Y5 Z5	刀具移至起刀点
N30	G01 Z − 2 F100	进给，进给速度为 100mm/min
N40	X57	沿 +X 方向加工
N50	Y15	沿 +Y 方向进给
N60	X − 8	沿 −X 方向加工
N70	Y25	沿 +Y 方向进给
N80	X57	沿 +X 方向加工
N90	Y35	沿 +Y 方向进给
N100	X − 8	沿 −X 方向加工
N110	Y45	沿 +Y 方向进给
N120	X57	沿 +X 方向加工
N130	G00 Z100	抬刀
N140	M05	主轴停止
N150	M30	程序结束

2. 编程提示：上表面用盘铣刀粗、精铣削，盘铣刀直径选 ϕ80mm。轮廓有 *R*8mm 凹圆弧面，故铣刀直径应小于 ϕ16mm，本题选直径为 ϕ12mm 高速钢立铣刀，需从工件侧边进

给。编程时，工件坐标系原点建立在工件上表面左下角点，粗、精加工用同一程序，通过设置刀具半径补偿功能完成粗、精加工（粗加工时刀具半径值设置为6.3mm，留0.3mm精加工余量），深度尺寸也采用类似方法进行调整。加工材料为硬铝，粗加工切削速度为800r/min，精加工转速为1200r/min，粗加工进给速度为100mm/min，精加工进给速度为60mm/min，为保证轮廓侧面质量，采用顺时针方向进行铣削。铣削外轮廓参考程序见表A-13，法那克系统程序名为“O0042”，西门子系统程序名为“XX0042.MPF”。

表A-13 铣削外轮廓数控加工程序

程序段号	法那克系统程序	西门子系统程序	指令含义
N10	G00 G54 X130 Y20 Z100 M03 S150 T1	G00 G54 X130 Y20 Z100 M03 S150 T1	设置粗铣平面参数
N20	G43 Z10 H01	Z10	进给
N30	G01 Z-1.5 F100	G01 Z-1.5 F100	
N40	X-50	X-50	粗铣平面
N50	G00 Z10	G00 Z10	抬刀
N60	X130	X130	刀具空间移至（130，20）
N70	G01 Z-2 F100	G01 Z-2 F100	进给
N80	M03 S300	M03 S300	主轴正转，转速为300r/min
N90	X-50 F80	X-50 F80	精铣平面
N100	G00 Z200	G00 Z200	抬刀
N110	M00 M05	M00 M05	程序停止、主轴停止，换ϕ12mm立铣刀
N120	M03 S800 T2	M03 S800 T2	设置铣削参数
N130	G43 X-8 Y35 Z10 H02	X-18 Y35 Z10	Z方向移动刀具
N140	G01 Z-5 F100	G01 Z-5 F100	Z方向进给
N150	X0 Y35	X0 Y35	加工左上角余量
N160	X19 Y40	X19 Y40	
N170	G00 Z5	G00 Z5	抬刀
N180	X-10 Y-10	X-10 Y-10	刀具移至起刀点
N190	G01 Z-5 F100	G01 Z-5 F100	Z方向进给
N200	G41 X5 Y5 D2	G41 X5 Y5	建立刀具半径补偿
N210	Y20	Y20	加工左侧面
N220	X30.98 Y35	X30.98 Y35	加工斜边
N230	X40	X40	加工至X40
N240	G03 X56 R8	G03 X56 CR=8	加工凹圆弧
N250	G01 X65	G01 X65	加工至X65
N260	G02 X75 Y25 R10	G02 X75 Y25 CR=10	加工倒角圆弧
N270	G01 Y5	G01 Y5	加工右侧面
N280	X5	X5	加工底面

（续）

程序段号	法那克系统程序	西门子系统程序	指令含义
N290	G40 X－8 Y－8	G40 X－8 Y－8	退出刀具，取消刀补
N300	G00 Z100	G00 Z100	抬刀
N310	M05	M05	主轴停止
N320	M30	M30	程序结束

3. 编程提示：零件上表面用盘铣刀粗、精铣削，盘铣刀直径选 ϕ80mm。内轮廓加工切入、切出应沿着切线方向或圆弧进给，此内轮廓有一内直角，因此可沿其延长线方向切入、切出，以避免产生刀痕。为保证内轮廓侧面表面质量，应采用逆时针方向进行铣削。内轮廓最小圆弧半径为5mm，选 ϕ8mm 高速钢键槽铣刀，工件坐标系原点建立在工件上表面几何中心点。槽内余量通过环切方式去除。粗、精加工用同一程序，通过设置半径补偿参数值进行调整，粗加工半径设为4.3mm，留0.3mm余量，切削用量同前一题。铣削内轮廓参考程序见表A-14，法那克系统程序名为“O0043”，西门子系统程序名为“XX0043.MPF”。

表A-14　铣削内轮廓数控加工程序

程序段号	法那克系统程序	西门子系统程序	指令含义
N10	G00 G54 X85 Y0 Z100 M03 S150 T1	G00 G54 X85 Y0 Z100 M03 S150 T1	设置粗铣平面参数
N20	G43 Z10 H01	Z10	进给
N30	G01 Z－1.5 F100	G01 Z－1.5 F100	
N40	X－85	X－85	粗铣平面
N50	G00 Z10	G00 Z10	抬刀
N60	X85	X85	刀具空间移至（85，0）
N70	G01 Z－2 F100	G01 Z－2 F100	进给
N80	M03 S300	M03 S300	主轴正转，转速为300r/min
N90	X－85 F80	X－85 F80	精铣平面
N100	G00 Z200	G00 Z200	抬刀
N110	M00 M05	M00 M05	程序停止、主轴停止，换 ϕ8mm 键槽铣刀
N120	M03 S800 T2	M03 S800 T2	设置切削参数
N130	G00 G43 X－25 Y3.5 Z10 H02	G00 X－25 Y3.5 Z10	Z方向进给
N140	G01 Z－5 F50	G01 Z－5 F50	
N150	X25 F100	X25 F100	铣削型腔内部余量
N160	Y－4	Y－4	
N170	X－10	X－10	
N180	G41 X－19 Y－7 D2	G41 X－19 Y－7	切削至（－19，－7），建立刀具补偿

（续）

程序段号	法那克系统程序	西门子系统程序	指令含义
N190	Y－10	Y－10	沿内轮廓表面加工
N200	G03 X－14 Y－15 R5	G03 X－14 Y－15 CR＝5	
N210	G01 X30	G01 X30	
N220	G03 X35 Y－10 R5	G03 X35 Y－10 CR＝5	
N230	G01 Y5	G01 Y5	
N240	G03 X25 Y15 R10	G03 X25 Y15 CR＝10	
N250	G01 X－27	G01 X－27	
N260	G03 X－35 Y7 R8	G03 X－35 Y7 CR＝8	
N270	G01 Y－2	G01 Y－2	
N280	G03 X－30 Y－7 R5	G03 X－30 Y－7 CR＝5	
N290	G01 X－19	G01 X－19	
N300	G40 X0 Y0	G40 X0 Y0	刀具切出，取消刀具补偿
N310	G00 Z100	G00 Z100	抬刀
N320	M05	M05	主轴停止
N330	M30	M30	程序结束

4. 编程提示：零件上表面用盘铣刀粗、精铣削，盘铣刀直径选 ϕ80mm；然后粗、精加工内、外轮廓，为保证一次进给能切除多余轮廓余量，选直径 ϕ12mm 高速钢键槽铣刀。为保证轮廓侧面质量，加工外轮廓时沿顺时针方向进行铣削，加工内轮廓时沿逆时针方向进行铣削。工件坐标系原点建立在工件上表面几何中心点，粗、精加工用同一程序，通过设置半径补偿参数进行调整，粗加工半径设为 6.3mm，留 0.3mm 余量，切削用量同前一题。铣削内、外轮廓参考程序见表 A-15，法那克系统程序名为“O0044”，西门子系统程序名为“XX0044. MPF”。

表 A-15　铣削内、外轮廓数控加工程序

程序段号	法那克系统程序	西门子系统程序	指令含义
N10	G00 G54 X85 Y－20 Z100 M03 S150 T1	G00 G54 X85 Y－20 Z100 M03 S150 T1	设置粗铣平面参数
N20	G43 Z10 H01	Z10	进给
N30	G01 Z－1.5 F100	G01 Z－1.5 F100	
N40	X－85	X－85	粗铣平面
N50	Y20	Y20	
N60	X85	X85	
N70	Y－20	Y－20	刀具移至（85，－20）
N80	G01 Z－2 F100	G01 Z－2 F100	进给
N90	M03 S300	M03 S300	主轴正转，转速为 300r/min
N100	X－85 F80	X－85 F80	精铣平面

（续）

程序段号	法那克系统程序	西门子系统程序	指令含义
N110	G00 Z10	G00 Z10	抬刀
N120	X85 Y20	X85 Y20	刀具移至（85，20）
N130	G01 Z-2 F100	G01 Z-2 F100	进给
N140	X-85 F80	X-85 F80	再次精铣平面
N150	G00 Z200	G00 Z200	抬刀
N160	M00 M05	M00 M05	程序停止、主轴停止，换 ϕ12mm 键槽铣刀
N170	M03 S800 T2	M03 S800 T2	设置切削参数
N180	G00 G43 X-50 Y-50 Z10 H02	G00 X-50 Y-50 Z10	Z 方向进给
N190	G01 Z-7 F50	G01 Z-7 F50	
N200	G41 X-35 Y-25 D2 F100	G41 X-35 Y-25 F100	加工 70mm×70mm 外轮廓
N210	Y35，R10	Y35 RND=10	
N220	X35，R10	X35 RND=10	
N230	Y-35，R10	Y-35 RND=10	
N240	X-25	X-25	
N250	G02 X-35 Y-25 R10	G02 X-35 Y-25 CR=10	
N260	G01 G40 X-45 Y-35	G01 G40 X-45 Y-35	刀具切出，取消刀补
N270	G00 Z-5	G00 Z-5	抬刀
N280	G01 G41 X-25 Y-25 D2	G01 G41 X-25 Y-25	进刀至（-25，-25）
N290	Y25	Y25	加工 50mm×50mm 外轮廓
N300	X25	X25	
N310	Y-25	Y-25	
N320	X-25	X-25	
N330	G40 X-35 Y-35	G40 X-35 Y-35	刀具切出，取消刀补
N340	G00 Z5	G00 Z5	抬刀
N350	G41 X0 Y0 D2	G41 X0 Y0	刀具移至原点，建立刀具补偿
N360	G01 Z-7 F50	G01 Z-7 F50	进给
N370	G03 X-15 Y0 R7.5 F80	G03 X-15 Y0 CR=7.5 F80	圆弧切入
N380	G03 I15 J0	G03 I15 J0	逆时针方向加工圆形凹槽
N390	G03 X0 Y0 R7.5	G03 X0 Y0 CR=7.5	圆弧切出
N400	G00 Z100	G00 Z100	抬刀
N410	G40 X10 Y10	G40 X10 Y10	取消刀补
N420	M05	M05	主轴停止
N430	M30	M30	程序结束

5. 编程提示：零件上表面用盘铣刀粗、精铣削，盘铣刀直径选 ϕ80mm；然后粗、精加工内、外轮廓，内轮廓圆角半径为 5mm，选 ϕ8mm 高速钢键槽铣刀；用 ϕ8mm 铣刀铣削两外轮廓，轮廓余量多，X、Y 方向需多次分层铣削。为保证一次走刀能切除多余轮廓余量，加工外轮廓时铣刀直径应选 ϕ16mm 高速钢立铣刀；此外，为保证轮廓侧面质量，加工外轮廓时应沿顺时针方向进行铣削，加工内轮廓时沿逆时针方向进行铣削；工件坐标系原点建立在工件上表面几何中心点。粗、精加工用同一程序，通过设置半径补偿参数值进行调整，转速为 800r/min，进给速度为 100mm/min，精加工时转速可相对高一些，进给速度相对小一些。加工凸模参考程序见表 A-16，法那克系统程序名为“O0045”，西门子系统程序名为“XX0045. MPF”。

表 A-16　凸模数控加工程序

程序段号	法那克系统程序	西门子系统程序	指令含义
N10	G00 G54 X95 Y -25 Z100 M03 S150 T1	G00 G54 X95 Y -25 Z100 M03 S150 T1	设置粗铣平面参数
N20	G43 Z10 H01	Z10	进给
N30	G01 Z -1.5 F100	G01 Z -1.5 F100	
N40	X -95	X -95	粗铣平面
N50	Y25	Y25	
N60	X95	X95	
N70	Y -25	Y -25	刀具移至（95，-25）
N80	G01 Z -2 F100	G01 Z -2 F100	进给
N90	M03 S300	M03 S300	主轴正转，转速为 300r/min
N100	X -95 F80	X -95 F80	精铣平面
N110	G00 Z10	G00 Z10	抬刀
N120	X95 Y25	X95 Y25	刀具移至（95，25）
N130	G01 Z -2 F100	G01 Z -2 F100	进给
N140	X -95 F80	X -95 F80	再次精铣平面
N150	G00 Z200	G00 Z200	抬刀
N160	M00 M05	M00 M05	程序停止、主轴停止，换 ϕ16mm 立铣刀
N170	M03 S800 T2	M03 S800 T2	设置切削参数
N180	G00 G43 X -75 Y10 Z10 H02	G00 X -75 Y10 Z10	Z 方向进给
N190	G01 Z -7 F50	G01 Z -7 F50	
N200	G41 X -65 Y0 D2 F100	G41 X -65 Y0 F100	建立刀具补偿
N210	G03 X -45 R10	G03 X -45 CR = 10	圆弧切入
N220	G02 I45 J0	G02 I45 J0	加工 ϕ90mm 圆
N230	G03 X -65 R10	G03 X -65 CR = 10	圆弧切出
N240	G01 G40 X -55 Y -10	G01 G40 X -55 Y -10	取消刀具补偿
N250	G00 Z -5	G00 Z -5	抬刀

（续）

程序段号	法那克系统程序	西门子系统程序	指令含义
N260	G01 G41 X-37.5 Y0 D2	G01 G41 X-37.5 Y0	建立刀具补偿，切至（-37.5，0）点
N270	X0 Y37.5	X0 Y37.5	加工斜正方形轮廓
N280	X37.5 Y0	X37.5 Y0	
N290	X0 Y-37.5	X0 Y-37.5	
N300	X-37.5 Y0	X-37.5 Y0	
N310	G40 X-55 Y-10	G40 X-55 Y-10	取消刀具补偿
N320	G00 Z200	G00 Z200	刀具抬起
N330	M00 M05	M00 M05	主轴停止、程序停止，手动换 ϕ8mm 键槽铣刀
N340	M03 S800 T3	M03 S800 T3 D1	设置主轴转速
N350	G00 G43 X0 Y0 Z5 H03	G00 X0 Y0 Z5	进给
N360	G01 Z-7 F50	G01 Z-7 F50	
N370	G41 X8 Y0 D3	G41 X8 Y0	建立刀具补偿
N380	Y8，R5	Y8 RND=5	加工 16mm×16mm 内轮廓
N390	X-8，R5	X-8 RND=5	
N400	Y-8，R5	Y-8 RND=5	
N410	X8，R5	X8 RND=5	
N420	Y0	Y0	
N430	G00 Z200	G00 Z200	抬刀
N440	G40 X10 Y10	G40 X10 Y10	取消刀具补偿
N450	M05	M05	主轴停止
N460	M30	M30	程序结束

6. 编程提示：首先用盘铣刀粗、精铣削上表面，盘铣刀直径 ϕ80mm，刀具号 T1。其次加工中间梅花形内、外轮廓，选直径 ϕ10mm 高速钢键槽铣刀，中间梅花形状内、外轮廓相同，可编写其外轮廓加工程序，内轮廓通过设置刀具半径补偿功能来加工（例如，外轮廓刀具半径设置为 5mm，刀具号 T2；内轮廓刀具半径值修改为 -7mm，刀具号 T3，运行同一程序）。最后加工四个角轮廓、中间 ϕ20mm 圆形凹槽及剩余部分余量，铣择 ϕ12mm 高速钢键槽铣刀，刀具号 T4。工件坐标系原点建立在工件上表面几何中心点，切削用量同上一题，所有表面加工程序可合并成一个程序，也可分为各个轮廓加工程序。

1）粗、精加工上表面，粗、精铣上表面参考程序见表 A-17，法那克系统程序名为“O0166”，西门子系统程序名为“XX0166. MPF”。

表 A-17 粗、精铣上表面数控加工程序

程序段号	法那克系统程序	西门子系统程序	指令含义
N10	G00 G54 X85 Y - 20 Z100 M03 S150 T1	G00 G54 X85 Y - 20 Z100 M03 S150 T1	设置粗铣平面参数，选 ϕ80mm 盘铣刀
N20	G43 Z10 H01	Z10	进给
N30	G01 Z - 1.5 F100	G01 Z - 1.5 F100	
N40	X - 85	X - 85	粗铣平面
N50	Y20	Y20	
N60	X85	X85	
N70	Y - 20	Y - 20	刀具移至（85，-20）
N80	G01 Z - 2 F100	G01 Z - 2 F100	进给
N90	M03 S300	M03 S300	主轴正转，转速为 300r/min
N100	X - 85 F80	X - 85 F80	精铣平面
N110	G00 Z10	G00 Z10	抬刀
N120	X85 Y20	X85 Y20	刀具移至（85，20）
N130	G01 Z - 2 F100	G01 Z - 2 F100	进给
N140	X - 85 F80	X - 85 F80	再次精铣平面
N150	G00 Z200	G00 Z200	抬刀
N160	M05	M05	主轴停止
N170	M30	M30	程序结束

2）粗、精加工中间梅花形内、外轮廓，其参考程序见表 A-18，法那克系统程序名为“O0266”，西门子系统程序名为“XX0266.MPF”。

表 A-18 梅花形外轮廓数控加工程序

程序段号	法那克系统程序	西门子系统程序	指令含义
N10	G00 G54 X55 Y10 Z100 M03 S800 T2	G00 G54 X55 Y10 Z100 M03 S800 T2	设置铣削参数，选 ϕ10mm 键槽铣刀
N20	G43 Z10 H02	Z10	进给
N30	Z - 5	Z - 5	
N40	G01 G42 X45 Y0 D2 F100	G01 G42 X45 Y0 F100	建立刀具半径补偿，粗加工外轮廓时刀具半径为 5.3mm，精加工外轮廓时刀具半径为 5mm
N50	G02 X30 Y0 R7.5	G02 X30 Y0 CR = 7.5	圆弧切入至（30，0）点
N60	M98 P0366	L0366	调用子程序加工外轮廓
N70	G02 X45 Y0 R7.5	G02 X45 Y0 CR = 7.5	圆弧切出
N80	G01 G40 X50 Y10	G01 G40 X50 Y10	取消刀具补偿
N90	G00 Z5	G00 Z5	抬刀
N100	X0 Y0	X0 Y0	刀具移至原点
N110	G01 Z - 5 F50	G01 Z - 5 F50 T3 D1	进给（刀具号 T3）

（续）

程序段号	法那克系统程序	西门子系统程序	指令含义
N120	G42 X30 Y0 D3	G42 X30 Y0	建立刀具半径补偿，粗加工内轮廓时刀具半径为 -7.3mm，精加工内轮廓时刀具半径为 -7mm
N130	M98 P0366	L0366	调用子程序加工内轮廓
N140	G01 G40 X0 Y0	G01 G40 X0 Y0	取消刀具补偿
N150	G00 Z100	G00 Z100	抬刀
N160	M05	M05	主轴停止
N170	M30	M30	程序结束

加工梅花形轮廓子程序见表 A-19，法那克系统程序名为“O0366”，西门子系统程序名为“L0366. SPF”。

表 A-19　加工梅花形外轮廓子程序

程序段号	法那克系统程序	西门子系统程序	指令含义
N10	G03 X23. 635 Y9. 316 R10	G03 X23. 635 Y9. 316 CR = 10	加工梅花形外轮廓
N20	G02 X19. 885 Y15. 811 R6	G02 X19. 885 Y15. 811 CR = 6	
N30	G03 X3. 75 Y25. 127 R10	G03 X3. 75 Y25. 127 CR = 10	
N40	G02 X - 3. 75 Y25. 127 R6	G02 X - 3. 75 Y25. 127 CR = 6	
N50	G03 X - 19. 885 Y15. 811 R10	G03 X - 19. 885 Y15. 811 CR = 10	
N60	G02 X - 23. 635 Y9. 316 R6	G02 X - 23. 635 Y9. 316 CR = 6	
N70	G03 X - 23. 635 Y - 9. 316 R10	G03 X - 23. 635 Y - 9. 316 CR = 10	
N80	G02 X - 19. 885 Y - 15. 811 R6	G02 X - 19. 885 Y - 15. 811 CR = 6	
N90	G03 X - 3. 75 Y - 25. 127 R10	G03 X - 3. 75 Y - 25. 127 CR = 10	
N100	G02 X3. 75 Y - 25. 127 R6	G02 X3. 75 Y - 25. 127 CR = 6	
N110	G03 X19. 885 Y - 15. 811 R10	G03 X19. 885 Y - 15. 811 CR = 10	
N120	G02 X23. 635 Y - 9. 316 R6	G02 X23. 635 Y - 9. 316 CR = 6	
N130	G03 X30 Y0 R10	G03 X30 Y0 CR = 10	
N140	M99	M17	子程序结束

3）加工四个角轮廓参考程序见表 A-20，法那克系统程序名为“O0466”，西门子系统程序名为“XX0466. MPF”。

表 A-20　四个角轮廓数控加工程序

程序段号	法那克系统程序	西门子系统程序	指令含义
N10	G00 G54 X50 Y15 Z100 M03 S800 T4	G00 G54 X50 Y15 Z100 M03 S800 T4	设置铣削参数，选 ϕ12mm 键槽铣刀
N20	G43 Z10 H04	Z10	进给
N30	G01 Z - 5 F50	G01 Z - 5 F50	
N40	G41 X40 Y25 D4 F100	G41 X40 Y25 F100	建立刀具半径补偿

（续）

程序段号	法那克系统程序	西门子系统程序	指令含义
N50	X25 Y40	X25 Y40	加工右上角轮廓
N60	G40 X15 Y50	G40 X15 Y50	取消刀具补偿
N70	G00 X-15	G00 X-15	刀具快速移至（-15，50）
N80	G01 G41 X-25 Y40 D4	G01 G41 X-25 Y40	建立刀具半径补偿
N90	X-40 Y25	X-40 Y25	加工左上角轮廓
N100	G40 X-50 Y15	G40 X-50 Y15	取消刀具补偿
N110	G00 Y-15	G00 Y-15	刀具快速移至（-50，-15）
N120	G01 G41 X-40 Y-25 D4	G01 G41 X-40 Y-25	建立刀具半径补偿
N130	X-25 Y-40	X-25 Y-40	加工左下角轮廓
N140	G40 X-15 Y-50	G40 X-15 Y-50	取消刀具补偿
N150	G00 X15	G00 X15	刀具快速移至（15，-50）
N160	G01 G41 X25 Y-40 D4	G01 G41 X25 Y-40	建立刀具半径补偿
N170	X40 Y-25	X40 Y-25	加工右下角轮廓
N180	G40 X50 Y-15	G40 X50 Y-15	取消刀补
N190	G00 Z100	G00 Z100	抬刀
N200	M05	M05	主轴停止
N210	M30	M30	程序结束

4）加工中间 ϕ20mm 内轮廓及梅花形内轮廓余量，参考程序见表 A-21，法那克系统程序名为“O0566”，西门子系统程序名为“XX0566. MPF”。

表 A-21　ϕ20mm 内轮廓及梅花形内轮廓余量数控加工程序

程序段号	法那克系统程序	西门子系统程序	指令含义
N10	G00 G54 X12.5 Y0 Z100 M03 S800 T4	G00 G54 X12.5 Y0 Z100 M03 S800 T4	设置铣削参数，选 ϕ12mm 键槽铣刀
N20	G43 Z10 H04	Z10	进给
N30	G01 Z-5 F50	G01 Z-5 F50	
N40	G03 I-12.5 J0 F100	G03 I-12.5 J0 F100	加工多余余量
N50	G00 Z5	G00 Z5	抬刀
N60	X0 Y0	X0 Y0	刀具快速移至原点
N70	G01 Z-7 F50	G01 Z-7 F50	进给
N80	G41 X10 D4 F100	G41 X10 F100	建立刀具半径补偿
N90	G03 I-10 J0	G03 I-10 J0	加工 ϕ20mm 内轮廓
N100	G01 G40 X0 Y0	G01 G40 X0 Y0	取消刀具补偿
N110	G00 Z200	G00 Z200	抬刀
N120	M05	M05	主轴停止
N130	M30	M30	程序结束

模块五　凹槽加工

一、填空题

1. 工件
2. G52 X __ Y __ Z __;，X、Y、Z
3. G52 X0 Y0 Z0;
4. TRANS X __ Y __ Z __;，TRANS
5. 子坐标系
6. 偏移后的坐标系（新的局部坐标系）
7. 圆弧
8. 小于
9. 子程序
10. 逆时针
11. 分层多次
12. 坐标系偏转原点、偏转角度
13. ROT RPL =、AROT RPL =、TRANS、ROT
14. 指令指定点、工件原点
15. −360°～+360°、逆时针、顺时针
16. 对称
17. MIRROR/AMIRROR X __ Y __ Z __;、MIRROR/AMIRROR
18. G51.1 X __ Y __ Z __;、G50.1
19. X、Y
20. 互换
21. #、#0、#1～#33、#100～#199/#500～#999、#1000
22. R、R0～R99、R100～R249、R250～R299
23. 变量
24. X[30 * COS30]、X = 30 * COS（30）
25. 端面铣削循环、轮廓铣削循环、矩形腔铣削循环、圆形腔铣削循环
26. 铣削模式长槽、铣削模式圆弧槽、铣削模式圆周槽
27. 小
28. 小于
29. G16、G15

二、判断题

1. ×；2. √；3. √；4. ×；5. √；6. ×；7. √；8. ×；9. √；10. ×；11. ×；12. ×；13. ×；14. ×；15. ×；16. √；17. ×；18. √；19. ×；20. ×；21. ×；22. √；23. √；24. ×；25. √；26. ×；27. √；28. √；29. ×；30. ×；31. ×；32. ×；33. ×；34. √。

三、选择题

1. A；2. C；3. B；4. C；5. D；6. C；7. B；8. C；9. D；10. C；11. D；12. D；13. C；14. A；15. B；16. C；17. A；18. B。

四、简答题

1. 为编程方便，在工件坐标系中建立的子坐标系称为局部坐标系，如子程序坐标系。

2. ROT 指令为西门子系统中可编程的坐标系偏转指令，设置后能取消以前的偏置和偏转。AROT 指令为西门子系统中附加的可编程坐标系偏转指令，可附加在以前的偏置或偏转基础上进行坐标系偏转。

3. 法那克系统中一组以子程序的形式存储并带有变量的程序称为宏程序。

4. 西门子系统中用于固定循环计算的参数称为循环参数，由 R100 ~ R249 构成。

五、编程题

1. 编程提示：

1）粗、精铣削上表面，选用 ϕ80mm 盘铣刀，刀具号 T1，粗铣转速为 150r/min，进给速度为 100mm/min；精铣转速为 300r/min，进给速度为 80mm/min，精铣余量为 0. 5mm。

2）粗加工六个直槽，选用 ϕ8mm 高速钢键槽铣刀，刀具号 T2，转速为 1000r/min，进给速度为 100mm/min，留 0. 3mm 精加工余量。

3）精加工六个直槽，选用 ϕ8mm 高速钢立铣刀，刀具号 T3，转速为 1200r/min，进给速度为 80mm/min。六个直槽形状、尺寸相同，分别编写粗、精加工子程序，通过坐标系偏移调用。

主程序工件坐标系原点建立在工件上表面几何中心点，子程序坐标系原点建立在直槽中心位置，因槽宽较小，无法采用圆弧切入、切出，只能沿法线方向进刀。加工直槽参考程序见表 A-22，法那克系统程序名为“O0051”，西门子系统程序名为“XX0051. MPF”。

表 A-22　直槽数控加工程序

程序段号	法那克系统程序	西门子系统程序	指令含义
N10	G00 G54 X85 Y－20 Z100 M03 S150 T1	G00 G54 X85 Y－20 Z100 M03 S150 T1	设置粗铣平面参数，选 ϕ80mm 盘铣刀
N20	G43 Z10 H01	Z10	进给
N30	G01 Z－1. 5 F100	G01 Z－1. 5 F100	
N40	X－85	X－85	粗铣平面
N50	Y20	Y20	
N60	X85	X85	
N70	Y－20	Y－20	刀具移至（85，－20）
N80	G01 Z－2 F100	G01 Z－2 F100	进给
N90	M03 S300	M03 S300	主轴正转，转速为 300r/min
N100	X－85 F80	X－85 F80	精铣平面
N110	G00 Z10	G00 Z10	抬刀
N120	X85 Y20	X85 Y20	刀具移至（85，20）

（续）

程序段号	法那克系统程序	西门子系统程序	指令含义
N130	G01 Z-2 F100	G01 Z-2 F100	进给
N140	X-85 F80	X-85 F80	再次精铣平面
N150	G00 Z200	G00 Z200	抬刀
N160	M00 M05	M00 M05	程序停止、主轴停止、换 ϕ8mm 键槽铣刀，机床刀具半径为4.3mm
N170	M03 S1000 T2	M03 S1000 T2	设置铣削转速
N180	G52 X20 Y20	TRANS X20 Y20	坐标系偏移至第一槽位置，调用子程序粗加工槽
N190	M98 P0151	L151	
N200	G52 X20 Y0	TRANS X20 Y0	坐标系偏移至第二槽位置，调用子程序粗加工槽
N210	M98 P0151	L151	
N220	G52 X20 Y-20	TRANS X20 Y-20	坐标系偏移至第三槽位置，调用子程序粗加工槽
N230	M98 P0151	L151	
N240	G52 X-20 Y20	TRANS X-20 Y20	坐标系偏移至第四槽位置，调用子程序粗加工槽
N250	M98 P0151	L151	
N260	G52 X-20 Y0	TRANS X-20 Y0	坐标系偏移至第五槽位置，调用子程序粗加工槽
N270	M98 P0151	L151	
N280	G52 X-20 Y-20	TRANS X-20 Y-20	坐标系偏移至第六槽位置，调用子程序粗加工槽
N290	M98 P0151	L151	
N300	M00 M05	M00 M05	程序停止、主轴停止，测量，换 ϕ8mm 立铣刀
N310	M03 S1200 T3	M03 S1200 T3	设置精加工转速
N320	G52 X20 Y20	TRANS X20 Y20	坐标系偏移，调用子程序精加工槽
N330	M98 P0251	L251	
N340	G52 X20 Y0	TRANS X20 Y0	坐标系偏移，调用子程序精加工槽
N350	M98 P0251	L251	
N360	G52 X20 Y-20	TRANS X20 Y-20	坐标系偏移，调用子程序精加工槽
N370	M98 P0251	L251	
N380	G52 X-20 Y20	TRANS X-20 Y20	坐标系偏移，调用子程序精加工槽
N390	M98 P0251	L251	
N400	G52 X-20 Y0	TRANS X-20 Y0	坐标系偏移，调用子程序精加工槽
N410	M98 P0251	L251	
N420	G52 X-20 Y-20	TRANS X-20 Y-20	坐标系偏移，调用子程序精加工槽
N430	M98 P0251	L251	
N440	G00 G49 Z200	G00 Z200	抬刀
N450	M05	M05	主轴停止
N460	M30	M30	程序结束

粗加工直槽子程序见表 A-23，法那克系统子程序名为“O0151”，西门子系统子程序名为“L151. SPF”。

表 A-23　粗加工直槽子程序

程序段号	法那克系统程序	西门子系统程序
N10	G00 G43 Z5 H02	G00 Z5
N20	G41 X9 Y6 D2	G41 X9 Y6
N30	G01 Z-6.7 F50	G01 Z-6.7 F50
N40	X-9 F100	X-9 F100
N50	G03 Y-6 R6	G03 Y-6 CR=6
N60	G01 X9	G01 X9
N70	G03 Y6 R6	G03 Y6 CR=6
N80	G00 Z5	G00 Z5
N90	G40 X0 Y0	G40 X0 Y0
N100	G52 X0 Y0	TRANS
N110	M99	M17

精加工直槽子程序见表 A-24，法那克系统子程序名为“O0251”，西门子系统子程序名为“L251. SPF”。

表 A-24　精加工直槽子程序

程序段号	法那克系统程序	西门子系统程序
N10	G00 G43 Z5 H03	G00 Z5
N20	G41 X9 Y6 D3	G41 X9 Y6
N30	G01 Z-7.03 F50	G01 Z-7.03 F50
N40	X-9 F80	X-9 F80
N50	G03 Y-6 R6	G03 Y-6 CR=6
N60	G01 X9	G01 X9
N70	G03 Y6 R6	G03 Y6 CR=6
N80	G00 Z5	G00 Z5
N90	G40 X0 Y0	G40 X0 Y0
N100	G52 X0 Y0	TRANS
N110	M99	M17

2. 编程提示：

1）粗、精加工上表面，选用 ϕ80mm 盘铣刀，刀具号 T1。

2）粗加工四个键形槽及 ϕ16mm 圆形凹槽，选 ϕ8mm 高速钢键槽铣刀，刀具号 T2。

3）精加工四个键形槽及 ϕ16mm 圆形凹槽，选 ϕ8mm 高速钢立铣刀；四个键形槽形状、尺寸相同，可编写子程序，通过坐标系偏转调用。

主程序工件坐标系原点建立在工件上表面几何中心点，子程序坐标系原点也建立在工件中心点，但与工件坐标系夹45°角。因槽宽较小，无法采用圆弧切入、切出，只能沿法线方向进刀，切削用量同前一题。加工斜槽参考程序见表A-25，法那克系统程序名为“O0152”，西门子系统程序名为“XX0152. MPF”。

表A-25　斜槽数控加工程序

程序段号	法那克系统程序	西门子系统程序	指令含义
N10	G00 G54 X85 Y -20 Z100 M03 S150 T1	G00 G54 X85 Y -20 Z100 M03 S150 T1	设置粗铣平面参数
N20	G43 Z10 H01	Z10	进给
N30	G01 Z -1.5 F100	G01 Z -1.5 F100	
N40	X -85	X -85	粗铣平面
N50	Y20	Y20	
N60	X85	X85	粗铣平面
N70	Y -20	Y -20	刀具移至（85，-20）
N80	G01 Z -2 F100	G01 Z -2 F100	进给
N90	M03 S300	M03 S300	主轴正转，转速为300r/min
N100	X -85 F80	X -85 F80	精铣平面
N110	G00 Z10	G00 Z10	抬刀
N120	X85 Y20	X85 Y20	刀具移至（85，20）
N130	G01 Z -2 F100	G01 Z -2 F100	进给
N140	X -85 F80	X -85 F80	再次精铣平面
N150	G00 Z200	G00 Z200	抬刀
N160	M00 M05	M00 M05	程序停止、主轴停止、换 ϕ8mm键槽铣刀，机床刀具半径为4.3mm
N170	M03 S1000 T2	M03 S1000 T2	设置铣削转速
N180	G68 X0 Y0 R45	ROT RPL =45	坐标系偏转
N190	M98 P0152	L152	调用子程序粗加工槽
N200	G68 X0 Y0 R135	ROT RPL =135	坐标系偏转
N210	M98 P0152	L152	调用子程序粗加工槽
N220	G68 X0 Y0 R225	ROT RPL =225	坐标系偏转
N230	M98 P0152	L152	调用子程序粗加工槽
N240	G68 X0 Y0 R -90	ROT RPL = -90	坐标系偏转
N250	M98 P0152	L152	调用子程序粗加工槽
N260	G69	ROT	取消坐标系偏转
N270	G00 X0 Y0	G00 X0 Y0	刀具移至原点
N280	G01 Z -6.7 F50	G01 Z -6.7 F50	进给
N290	G01 G41 X8 Y0 D2 F100	G01 G41 X8 Y0 F100	建立刀具补偿
N300	G03 I -8 J0	G03 I -8 J0	粗加工 ϕ16mm 圆槽
N310	G01 G40 X0 Y0	G01 G40 X0 Y0	刀具切出，取消刀具补偿
N320	G00 Z5	G00 Z5	抬刀

（续）

程序段号	法那克系统程序	西门子系统程序	指令含义
N330	M00 M05	M00 M05	程序停止、主轴停止，测量
N340	M03 S1200 T3	M03 S1200 T3	设置精加工转速
N350	G68 X0 Y0 R45	AROT RPL = 45	坐标系偏转
N360	M98 P0252	L252	调用精加工子程序加工槽
N370	G68 X0 Y0 R135	AROT RPL = 90	坐标系偏转
N380	M98 P0252	L252	调用精加工子程序加工槽
N390	G68 X0 Y0 R225	AROT RPL = 90	坐标系偏转
N400	M98 P0252	L252	调用精加工子程序加工槽
N410	G68 X0 Y0 R - 45	AROT RPL = 90	坐标系偏转
N420	M98 P0252	L252	调用精加工子程序加工槽
N430	G69	AROT	取消坐标系偏转
N440	G00 X0 Y0 Z5	G00 X0 Y0 Z5	刀具移至原点
N450	G01 Z - 7.03 F50	G01 Z - 7.03 F50	进给
N460	G01 G41 X8 Y0 D3 F80	G01 G41 X8 Y0 F80	建立刀具补偿
N470	G03 I - 8 J0	G03 I - 8 J0	精加工 ϕ16mm 圆槽
N480	G01 G40 X0 Y0	G01 G40 X0 Y0	刀具切出，取消刀具补偿
N490	G00 Z100	G00 Z100	抬刀
N500	M05	M05	主轴停止
N510	M30	M30	程序结束

粗加工斜槽子程序见表 A-26，法那克系统子程序名为“O0152”，西门子系统子程序名为“L152. SPF”。

表 A-26　粗加工斜槽子程序

程序段号	法那克系统程序	西门子系统程序
N10	G00 G43 Z5 H02	G00 Z5
N20	G41 X41 Y6 D2	G41 X41 Y6
N30	G01 Z - 6.7 F50	G01 Z - 6.7 F50
N40	X21 F100	X21 F100
N50	G03 Y - 6 R6	G03 Y - 6 CR = 6
N60	G01 X41	G01 X41
N70	G03 Y6 R6	G03 Y6 CR = 6
N80	G00 Z5	G00 Z5
N90	G40 X10 Y10	G40 X10 Y10
N100	M99	M17

精加工斜槽子程序见表 A-27，法那克系统子程序名为“O0252”，西门子系统子程序名为“L252. SPF”。

表 A-27　精加工斜槽子程序

程序段号	法那克系统程序	西门子系统程序
N10	G00 G43 Z5 H03	G00 Z5
N20	G41 X41 Y6 D3	G41 X41 Y6
N30	G01 Z-7.03 F50	G01 Z-7.03 F50
N40	X21 F80	X21 F80
N50	G03 Y-6 R6	G03 Y-6 CR=6
N60	G01 X41	G01 X41
N70	G03 Y6 R6	G03 Y6 CR=6
N80	G00 Z5	G00 Z5
N90	G40 X10 Y10	G40 X10 Y10
N100	M99	M17

3. 编程提示：

1）粗、精加工上表面，选用 ϕ80mm 盘铣刀，刀具号 T1。

2）粗、精加工矩形槽，选用 ϕ20mm 高速钢键槽铣刀，刀具号 T2。

3）粗、精铣三个腰形槽，选用 ϕ6mm 高速钢键槽铣刀，刀具号 T3；因三个腰形槽形状、尺寸一样，可编制子程序，采用坐标系偏转指令调用三次加工。

4）粗、精加工中间十字形槽，选用 ϕ6mm 高速钢键槽铣刀，刀具号 T3。

粗、精加工使用同一程序，通过修改刀具半径，修调主轴倍率、进给倍率实现粗、精加工，工件坐标系原点选在工件上表面几何中心点。加工腔槽参考程序见表 A-28，法那克系统程序名为“O0053”，西门子系统程序名为“XX0053. MPF”。

表 A-28　腔槽零件数控加工程序

程序段号	法那克系统程序	西门子系统程序	指令含义
N10	G00 G54 X85 Y-20 Z100 M03 S150 T1	G00 G54 X85 Y-20 Z100 M03 S150 T1	设置粗铣平面参数，选用 ϕ80mm 盘铣刀
N20	G43 Z10 H01	Z10	进给
N30	G01 Z-1.5 F100	G01 Z-1.5 F100	
N40	X-85	X-85	粗铣平面
N50	Y20	Y20	
N60	X85	X85	
N70	Y-20	Y-20	刀具移至（85，-20）
N80	G01 Z-2 F100	G01 Z-2 F100	进给
N90	M03 S300	M03 S300	主轴正转，转速为 300r/min
N100	X-85 F80	X-85 F80	精铣平面
N110	G00 Z10	G00 Z10	抬刀
N120	X85 Y20	X85 Y20	刀具移至（85，20）
N130	G01 Z-2 F100	G01 Z-2 F100	进给

（续）

程序段号	法那克系统程序	西门子系统程序	指令含义
N140	X -85 F80	X -85 F80	再次精铣平面
N150	G00 Z200	G00 Z200	抬刀
N160	M00 M05	M00 M05	程序停止、主轴停止，换 φ20mm 键槽铣刀
N170	M03 S600 T2	M03 S600 T2	设置主轴转速
N180	G00 G43 Z5 H02	G00 Z5	进给
N190	M98 P0153	L153	调用子程序加工矩形槽
N200	G00 Z200	G00 Z200	抬刀
N210	M00 M05	M00 M05	程序停止、主轴停止，测量，换 φ6mm 键槽铣刀，粗加工刀具半径设为 3.3mm
N220	M03 S1000 T3	M03 S1000 T3	设置转速
N230	G43 Z5 H03	Z5	进给
N240	M98 P0253	L253	调用子程序加工腰形槽
N250	G68 X0 Y0 R120	ROT RPL = 120	坐标系偏转
N260	M98 P0253	L253	调用子程序加工第二个腰形槽
N270	G68 X0 Y0 R240	ROT RPL = 240	坐标系偏转
N280	M98 P0253	L253	调用子程序加工第三个腰形槽
N290	G69	TRANS	取消坐标系偏转
N300	M00 M05	M00 M05	程序停、主轴停、测量
N310	M03 S1000	M03 S1000	设置主轴转速
N320	G00 X0 Y0	G00 X0 Y0	加工中间十字形槽
N330	G01 Z -9.03 F50	G01 Z -9.03 F50	
N340	G41 X5 Y5 D3 F100	G41 X5 Y5 F100	
N350	Y8	Y8	
N360	G03 X -5 R5	G03 X -5 CR = 5	
N370	G01 Y5	G01 Y5	
N380	X -10	X -10	
N390	G03 Y -5 R5	G03 Y -5 CR = 5	
N400	G01 X -5	G01 X -5	
N410	Y -8	Y -8	
N420	G03 X5 R5	G03 X5 CR = 5	
N430	G01 Y -5	G01 Y -5	
N440	X10	X10	
N450	G03 Y5 R5	G03 Y5 CR = 5	
N460	G01 X5	G01 X5	
N470	G40 X0 Y0	G40 X0 Y0	取消刀具半径补偿

(续)

程序段号	法那克系统程序	西门子系统程序	指令含义
N480	G00 Z100	G00 Z100	抬刀
N490	M05	M05	主轴停止
N500	M30	M30	程序结束

加工矩形槽轮廓子程序见表 A-29，法那克系统程序名为“O0153”，西门子系统程序名为“L153. SPF”。

表 A-29 加工矩形槽轮廓子程序

程序段号	法那克系统程序	西门子系统程序
N10	G00 X0 Y16	G00 X0 Y16
N20	G01 Z-7 F50	G01 Z-7 F50
N30	Y-16 F100	Y-16 F100
N40	X-16	X-16
N50	Y16	Y16
N60	X16	X16
N70	Y-16	Y-16
N80	X0	X0
N90	G41 X-37 Y-22 D2	G41 X-37 Y-22
N100	G03 X-22 Y-37 R15	G03 X-22 Y-37 CR=15
N110	G01 X17	G01 X17
N120	G03 X37 Y-17 R20	G03 X37 Y-17 CR=20
N130	G01 Y22	G01 Y22
N140	G03 X22 Y37 R15	G03 X22 Y37 CR=15
N150	G01 X-17	G01 X-17
N160	G03 X-37 Y17 R20	G03 X-37 Y17 CR=20
N170	G01 Y-22	G01 Y-22
N180	G40 X0 Y0	G40 X0 Y0
N190	G00 Z5	G00 Z5
N200	M99	M17

加工腰形槽子程序见表 A-30，法那克系统程序名为“O0253”，西门子系统程序名为“L253. SPF”。

表 A-30 加工腰形槽子程序

程序段号	法那克系统程序	西门子系统程序
N10	G00 G43 Z5 H03	G00 Z5
N20	X30 Y0	X30 Y0
N30	G01 Z-9.03 F50	G01 Z-9.03 F50

（续）

程序段号	法那克系统程序	西门子系统程序
N40	G41 X36 Y0 D3 F100	G41 X36 Y0 F100
N50	G03 X25.452 Y25.452 R36	G03 X25.452 Y25.452 CR = 36
N60	G03 X16.968 Y16.968 R6	G03 X16.968 Y16.968 CR = 6
N70	G02 X24 Y0 R24	G02 X24 Y0 CR = 24
N80	G03 X36 R6	G03 X36 CR = 6
N90	G01 G40 X30	G01 G40 X30
N100	G00 Z5	G00 Z5
N110	G69	ROT
N120	M99	M17

4. 编程提示：

1）先粗、精加工上表面，选用 ϕ80mm 盘铣刀（程序略）。

2）粗、精加工中间十字形外轮廓，由于最小圆弧半径为 5mm，选择 ϕ8mm 高速钢键槽铣刀；此外，由于十字形外轮廓是对称结构，可编写一子程序，用坐标轴偏转指令分别偏转 90°、180°、270°调用四次加工。

3）粗、精加工角上四个凸台轮廓，选择 ϕ8mm 高速钢键槽铣刀加工，四个角上凸台轮廓对称，可编写另一子程序，采用镜像指令进行加工。

4）粗、精加工中间 20mm × 24mm 矩形槽，选择 ϕ8mm 键槽铣刀。

轮廓粗、精加工使用同一程序，通过修改刀具半径，修改刀具磨损量，修调主轴倍率、进给倍率实现粗、精加工，剩余岛屿余量采用设置刀具半径方法去除。加工十字凸模参考程序见表 A-31，法那克系统程序名为“O0054”，西门子系统程序名为“XX0054.MFP”。

表 A-31　十字凸模数控加工程序

程序段号	法那克系统程序	西门子系统程序	指令含义
N10	G00 G54 X - 50 Y20 Z100 M03 S800 T1	G00 G54 X - 50 Y20 Z100 M03 S800	设置铣削参数，选用 ϕ8mm 键槽铣刀
N20	G43 Z10 H01	Z10 F100	进给
N30	G00 Z - 3 F50	G01 Z - 3 F50	
N40	G01 G41 X - 35 Y10 D1 F100	G01 G41 X - 35 Y10 F100	建立刀补并移至（ - 35，0）
N50	M98 P0154	L154	调用子程序加工左上角十字形外轮廓
N60	G68 X0 Y0 R - 90	ROT RPL = - 90	坐标系顺时针偏转 90°
N70	M98 P0154	L154	调用子程序加工右上角十字形外轮廓
N80	G68 X0 Y0 R - 180	ROT RPL = - 180	坐标系顺时针偏转 180°
N90	M98 P0154	L154	调用子程序加工右下角十字形外轮廓

（续）

程序段号	法那克系统程序	西门子系统程序	指令含义
N100	G68 X0 Y0 R－270	ROT RPL＝－270	坐标系顺时针偏转270°
N110	M98 P0154	L154	调用子程序加工左下角十字形外轮廓
N120	G69	ROT	取消刀具偏转
N130	G00 Z5	G00 Z5	抬刀
N140	G40 X0 Y0	G40 X0 Y0	取消刀具补偿
N150	M00 M05	M00 M05	程序停止、主轴停止，测量
N160	M03 S800 T1	M03 S800 T1	设置主轴转速
N170	M98 P0254	L254	调用子程序加工右上角凸台
N180	G51.1 X0	MIRROR X0	调用镜像指令
N190	M98 P0254	L254	加工左上角凸台
N200	G51.1 Y0	MIRROR Y0	调用镜像指令
N210	M98 P0254	L254	加工右下角凸台
N220	G51.1 X0 Y0	MIRROR X0 Y0	调用镜像指令
N230	M98 P0254	L254	加工左下角凸台
N240	M00 M05	M00 M05	程序停止、主轴停止，测量
N250	M03 S800 T1	M03 S800 T1	设置主轴转速
N260	G00 X0 Y0 Z5	G00 X0 Y0 Z5	刀具移至原点
N270	G41 X－2 Y0 D1	G41 X－2 Y0	建立刀补
N280	G01 Z－5 F50	G01 Z－5 F50	进给
N290	G03 X－12 Y0 R5 F100	G03 X－12 Y0 CR＝5 F100	圆弧切入
N300	G01 Y－5	G01 Y－5	加工中间20mm×24mm凹槽
N310	G03 X－7 Y－10 R5	G03 X－7 Y－10 CR＝5	
N320	G01 X7	G01 X7	
N330	G03 X12 Y－5 R5	G03 X12 Y－5 CR＝5	
N340	G01 Y5	G01 Y5	
N350	G03 X7 Y10 R5	G03 X7 Y10 CR＝5	
N360	G01 X－7	G01 X－7	
N370	G03 X－12 Y5 R5	G03 X－12 Y5 CR＝5	
N380	G01 Y0	G01 Y0	
N390	G03 X－2 Y0 R5	G03 X－2 Y0 CR＝5	圆弧切出
N400	G00 Z200;	G00 Z200;	抬刀
N410	G40 X10 Y10	G40 X10 Y10	取消刀具半径补偿
N420	M05	M05	主轴停止
N430	M30	M30	程序结束

中间十字形凸台四分之一轮廓子程序见表A-32，法那克系统程序名为“O0154”，西门子系统程序名为“L154. SPF”。

表 A-32　十字形凸台四分之一轮廓子程序

程序段号	法那克系统程序	西门子系统程序	指令含义
N10	G01 X-25	G01 X-25	加工中间十字凸台左上角四分之一轮廓
N20	G03 X-20 Y15 R5	G03 X-20 Y15 CR=5	
N30	G01 Y20	G01 Y20	
N40	X-15	X-15	
N50	G03 X-10 Y25 R5	G03 X-10 Y25 CR=5	
N60	G01 Y35	G01 Y35	
N70	X10	X10	
N80	M99	RET	子程序结束

边角凸台轮廓子程序见表 A-33，法那克系统程序名为“O0254”，西门子系统程序名为“L254. SPF”。

表 A-33　边角凸台轮廓子程序

程序段号	法那克系统程序	西门子系统程序	指令含义
N10	G00 X55 Y20	G00 X55 Y20	刀具移至起刀点
N20	Z-3	Z-3	进给
N30	G01 G41 X45 Y30 D1	G01 G41 X45 Y30	建立刀补至（45，30）点
N40	X30，R3	X30 RND=3	加工凸台
N50	Y45	Y45	
N60	G40 X20 Y50	G40 X20 Y50	取消刀补并退出
N70	G00 Z5	G00 Z5	抬刀
N80	M99	RET	子程序结束

模块六　零件综合加工

一、填空题

1. 铣床主轴、X、Y

2. 工件表面、Z

3. 长度、直径、形状及角度

4. 接触式、非接触式

5. 存储卡、RS232 接口传输

6. %、%__N__文件名__MPF

7. 一致

二、判断题

1. ×；2. √；3. ×；4. √；5. √；6. ×；7. ×；8. √；9. √；10. ×；11. ×；12. √；13. √；14. √；15. √；16. ×。

三、选择题

1. C；2. C；3. B；4. B；5. C；6. C；7. D；8. B；9. C。

四、编程题

1. 编程提示：

1）先加工上表面，选用 ϕ80mm 盘铣刀粗、精加工。粗加工转速为 150r/min，进给速度为 150mm/min，铣削深度 0.7mm；精加工转速为 300r/min，进给速度为 80mm/min，铣削深度为 0.3mm。

2）加工 $\phi90_{-0.05}^{\ 0}$mm 轮廓，为最大限度地去除余量，选择 ϕ16mm 高速钢键槽铣刀，转速为 600r/min，进给速度为 100mm/min。

3）加工五角星外形，五角星外形过渡圆弧半径为 5mm，选择 ϕ8mm 硬质合金键槽铣刀。粗加工转速为 800r/min，进给速度为 100mm/min；精加工转速为 1200r/min，进给速度为 80mm/min。加工五角星外形时，需计算五个星角及相邻两边交点坐标，粗、精加工用同一程序，通过修改刀具半径值，修调主轴倍率、进给倍率及刀具磨损量，完成粗、精加工。

工件坐标系原点选在工件上表面几何中心点，加工五角星参考程序见表 A-34，法那克系统程序名为“O0061”，西门子系统程序名为“XX0061. MPF”。

表 A-34　五角星数控加工程序

程序段号	法那克系统程序	西门子系统程序	指令含义
N10	G00 G54 X95 Y -25 Z100 M03 S150 T1	G00 G54 X95 Y -25 Z100 M03 S150 T1	设置粗铣平面参数
N20	G43 Z10 H01	Z10	进给
N30	G01 Z -0.7 F100	G01 Z -0.7 F100	
N40	X -95	X -95	粗铣平面
N50	Y25	Y25	
N60	X95	X95	
N70	Y -25	Y -25	刀具移至（95，-25）
N80	G01 Z -1 F100	G01 Z -1 F100	进给
N90	M03 S300	M03 S300	主轴正转，转速为 300r/min
N100	X -95 F80	X -95 F80	精铣平面
N110	G00 Z10	G00 Z10	抬刀
N120	X95 Y25	X95 Y25	刀具移至（95，25）
N130	G01 Z -1 F100	G01 Z -1 F100	进给
N140	X -95 F80	X -95 F80	再次精铣平面
N150	G00 Z200	G00 Z200	抬刀
N160	M00 M05	M00 M05	程序停止、主轴停止，换刀
N170	M03 S600 T2	M03 S600 T2	设置转速，选择 ϕ16mm 键槽铣刀
N180	G43 X75 Y10 Z5 H02	X75 Y10 Z5	进给
N190	Z -7 F50	Z -7 F50	

（续）

程序段号	法那克系统程序	西门子系统程序	指令含义
N200	G01 G41 X65 Y0 D2 F100	G01 G41 X65 Y0 F100	建立刀补
N210	G03 X45 Y0 R10	G03 X45 Y0 CR = 10	圆弧切入
N220	G02 I - 45 J0	G02 I - 45 J0	加工 $\phi 90_{-0.05}^{0}$ mm 轮廓
N230	G03 X65 Y0 R10	G03 X65 Y0 CR = 10	圆弧切出
N240	G00 Z5	G00 Z5	抬刀
N250	G40 X75 Y - 10	G40 X75 Y - 10	取消刀补
N260	M98 P0361	L361	通过坐标系偏转，五次调用子程序加工五角星五处余量
N270	G68 X0 Y0 R72	ROT RPL = 72	
N280	M98 P0361	L361	
N290	G68 X0 Y0 R144	ROT RPL = 144	
N300	M98 P0361	L361	
N310	G68 X0 Y0 R216	ROT RPL = 216	
N320	M98 P0361	L361	
N330	G68 X0 Y0 R288	ROT RPL = 288	
N340	M98 P0361	L361	
N350	G00 Z200	G00 Z200	抬刀
N360	M00 M05	M00 M05	程序停止、主轴停止，测量，选择 $\phi 8$mm 键槽铣刀
N370	M03 S800 T3	M03 S800 T3	设置 T3 号刀转速
N380	G00 X - 55 Y10 Z5	G00 X - 55 Y10 Z5	刀具空间移至点（ - 55，10）
N390	G01 Z - 4 F50	G01 Z - 4 F50	进给
N400	G01 G41 X - 45 Y0 D3 F100	G01 G41 X - 45 Y0 F100	建立刀具半径补偿
N410	X - 13. 316 Y10. 103， R5	X - 13. 316 Y10. 103 RND = 5	通过坐标系偏转，加工五角星轮廓
N420	Y42. 798	Y42. 798	
N430	G68 X0 Y0 R - 72	ROT RPL = - 72	
N440	G01 X - 13. 316 Y10. 103 ,R5	G01 X - 13. 316 Y10. 103 RND = 5	
N450	Y42. 798	Y42. 798	
N460	G68 X0 Y0 R - 144	ROT RPL = - 144	
N470	G01 X - 13. 316 Y10. 103， R5	G01 X - 13. 316 Y10. 103 RND = 5	
N480	Y42. 798	Y42. 798	
N490	G68 X0 Y0 R - 216	ROT RPL = - 216	
N500	G01 X - 13. 316 Y10. 103， R5	G01 X - 13. 316 Y10. 103 RND = 5	
N510	Y42. 798	Y42. 798	
N520	G68 X0 Y0 R - 288	ROT RPL = - 288	
N530	G01 X - 13. 316 Y10. 103， R5	G01 X - 13. 316 Y10. 103 RND = 5	
N540	Y42. 798	Y42. 798	

（续）

程序段号	法那克系统程序	西门子系统程序	指令含义
N550	G69	ROT	取消坐标系偏转
N560	G00 Z5	G00 Z5	抬刀
N570	G40 X0 Y0	G40 X0 Y0	取消刀具半径补偿
N580	M00 M05	M00 M05	程序停止、主轴停止，测量
N590	M03 S800	M03 S800	设置主轴转速
N600	G00 X0 Y0	G00 X0 Y0	刀具空间移至原点
N610	G01 Z－4 F50	G01 Z－4 F50	进给
N620	G41 X8 Y0 D3	G41 X8 Y0	建立刀补
N630	G03 I－8 J0 F100	G03 I－8 J0 F100	加工 $\phi 16_{-0.05}^{0}$ mm 凹槽
N640	G00 Z5	G00 Z5	抬刀
N650	G40 X0 Y0	G40 X0 Y0	取消刀补
N660	G00 G49 Z100	G00 Z100	抬刀
N670	M05	M05	主轴停止
N680	M30	M30	程序结束

加工五角星余量子程序见表 A-35，法那克系统程序名为“O0361”，西门子系统程序名为“L0361. SPF”。

表 A-35　加工五角星余量子程序

程序段号	法那克系统程序	西门子系统程序	指令含义
N10	G00 X60 Y－12 Z5	G00 X60 Y－12 Z5	刀具空间移至（60，－12）点
N20	Z－3	Z－3	工件外快速进给
N30	G01 X44 Y－12 F100	G01 X44 Y－12 F100	直线加工至（44，－12）点
N40	X35 Y0	X35 Y0	直线加工至（35，0）点
N50	X44 Y12	X44 Y12	直线加工至（44，12）点
N60	G03 Y－12 R45	G03 Y－12 CR＝45	圆弧加工至（44，－12）点
N70	G00 Z5	G00 Z5	抬刀
N80	M99	M17	子程序结束

2. 编程提示：

1）粗、精加工上表面，选用 ϕ80mm 盘铣刀，刀具号 T1。粗加工转速为 150r/min，进给速度为 150mm/min，铣削深度为 0.7mm；精加工转速为 300r/min，进给速度为 80mm/min，铣削深度为 0.3mm。

2）粗加工带槽圆盘及余量，粗加工中间轮廓形状。去除余量选 ϕ20mm 高速钢键槽铣刀，刀具号 T2，转速为 600r/min，进给速度为 100mm/min；加工轮廓选 ϕ8mm 硬质合金键槽铣刀，刀具号 T3，转速为 800r/min，进给速度为 100mm/min。

3）精加工带槽圆盘及中间轮廓形状，选 ϕ8mm 硬质合金立铣刀，转速为 1200r/min，进给速度为 80mm/min，刀具号 T4。

4）钻中心孔，选 A3 中心钻，刀具号 T5，转速为 1000r/min，进给速度为 80mm/min。

5）钻孔，选 ϕ6mm 麻花钻，刀具号 T6，转速为 800r/min，进给速度为 80mm/min。

工件坐标系原点选在工件上表面几何中心点，轮廓粗、精加工用同一程序通过更换刀具，修调主轴转速、进给倍率等进行加工。加工槽轮参考程序见表 A-36，法那克系统程序名为“O0062”，西门子系统程序名为“XX0062. MPF”。

表 A-36　槽轮数控加工程序

程序段号	法那克系统程序	西门子系统程序	指令含义
N10	G00 G54 X95 Y-25 Z100 M03 S150 T1	G00 G54 X95 Y-25 Z100 M03 S150 T1	设置粗铣平面参数
N20	G43 Z10 H01	Z10	进给
N30	G01 Z-0.7 F100	G01 Z-0.7 F100	
N40	X-95	X-95	粗铣平面
N50	Y25	Y25	
N60	X95	X95	
N70	Y-25	Y-25	刀具移至（95，-25）
N80	G01 Z-1 F100	G01 Z-1 F100	进给
N90	M03 S300	M03 S300	主轴正转，转速为 300r/min
N100	X-95 F80	X-95 F80	精铣平面
N110	G00 Z10	G00 Z10	抬刀
N120	X95 Y25	X95 Y25	刀具移至（95，25）
N130	G01 Z-1 F100	G01 Z-1 F100	进给
N140	X-95 F80	X-95 F80	再次精铣平面
N150	G00 Z200	G00 Z200	抬刀
N160	M00 M05	M00 M05	程序停止、主轴停止，换刀
N170	M03 S600 T2	M03 S600 T2	主轴转速为 600r/min，换 ϕ20mm 键槽铣刀
N180	G00 G43 X61 Y0 Z5 H02	G00 X61 Y0 Z5	铣削 ϕ90mm 轮廓多余部分材料
N190	G01 Z-7 F100	G01 Z-7 F100	
N200	G02 I-61 J0	G02 I-61 J0	
N210	G00 Z200	G00 Z200	抬刀
N220	M00 M05	M00 M05	程序停止、主轴停止，换刀
N230	M03 S800 T3	M03 S800 T3	主轴转速为 800r/min，换 ϕ8mm 键槽铣刀
N240	G00 G43 X60 Y0 Z5 H03	G00 X60 Y0 Z5	刀具移至（60，0）
N250	G01 Z-7 F100	G01 Z-7 F100	进给
N260	G41 X44.598 Y6 D3	G41 X44.598 Y6	建立刀补

（续）

程序段号	法那克系统程序	西门子系统程序	指令含义
N270	X30	X30	加工带槽圆形轮廓
N280	G03 Y-6 R6	G03 Y-6 CR=6	
N290	G01 X44.598	G01 X44.598	
N300	G02 X6 Y-44.598 R45	G02 X6 Y-44.598 CR=45	
N310	G01 Y-30	G01 Y-30	
N320	G03 X-6 R6	G03 X-6 CR=6	
N330	G01 Y-44.598	G01 Y-44.598	
N340	G02 Y-6 X-44.598 R45	G02 Y-6 X-44.598 CR=45	
N350	G01 X-30	G01 X-30	
N360	G03 Y6 R6	G03 Y6 CR=6	
N370	G01 X-44.598	G01 X-44.598	
N380	G02 X-6 Y44.598 R45	G02 X-6 Y44.598 CR=45	
N390	G01 Y30	G01 Y30	
N400	G03 X6 R6	G03 X6 CR=6	
N410	G01 Y44.598	G01 Y44.598	
N420	G02 Y6 X44.598 R45	G02 Y6 X44.598 CR=45	
N430	G01 G40 X55 Y0	G01 G40 X55 Y0	取消刀具补偿
N440	G00 Z5	G00 Z5	抬刀
N450	G41 X20 Y0 D3	G41 X20 Y0	建立刀补
N460	G01 Z-7 F50	G01 Z-7 F50	进给
N470	G03 I-20 J0 F100	G03 I-20 J0 F100	加工 $\phi 40^{+0.05}_{0}$ mm 圆形内轮廓
N480	G01 X8 Y0	G01 X8 Y0	加工 16mm×16mm 矩形轮廓
N490	Y-8	Y-8	
N500	X-8	X-8	
N510	Y8	Y8	
N520	X8	X8	
N530	Y0	Y0	
N540	G00 Z100	G00 Z100	抬刀
N550	G40 X0 Y0	G40 X0 Y0	取消刀补
N560	M00 M05	M00 M05	程序停止、主轴停止，测量，换中心钻
N570	M03 S1000 T5	M03 S1000 T5	设置钻中心孔转速
N580	G00 G43 Z10 H05	G00 X25 Y25 Z10 F80	设置循环参数，调用钻孔循环钻中心孔
N590		CYCLE82 (5, 0, 3, -4,, 2)	
N600	G82 G99 X25 Y25 Z-4 R5 P2 F80		

（续）

程序段号	法那克系统程序	西门子系统程序	指令含义
N610		X－25	钻第二个位置中心孔
N620	X－25	CYCLE82（5，0，3，－4，，2）	
N630		Y－25	钻第三个位置中心孔
N640	Y－25	CYCLE82（5，0，3，－4，，2）	
N650		X25	钻第四个位置中心孔
N660	X25	CYCLE82（5，0，3，－4，，2）	
N670	G00 Z200 G80	G00 Z200	抬刀（取消循环）
N680	M00 M05	M00 M05 T6	程序停止、主轴停止，换麻花钻
N690	M03 S800 T6	M03 S800 T6	设置钻孔转速
N700	G00 G43 Z10 H06	G00X25 Y25 Z10 F100	设置循环参数，调用钻孔循环钻孔
N710		CYCLE82（5，0，3，－7，，2）	
N720	G82 G99 X25 Y25 Z－7 P2 R5 F100		
N730		X－25	钻第二个孔
N740	X－25	CYCLE82（5，0，3，－7，，2）	
N750		Y－25	钻第三个孔
N760	Y－25	CYCLE82（5，0，3，－7，，2）	
N770		X25	钻第四个孔
N780	X25	CYCLE82（5，0，3，－7，，2）	
N790	G00 G49 G80 Z200	G00 Z200	抬刀（取消循环、长度补偿）
N800	M05	M05	主轴停止
N810	M30	M30	程序结束

3. 编程提示：

1）粗、精加工上表面，选用 ϕ80mm 盘铣刀，刀具号 T1。粗加工转速为 150r/min，进给速度为 150mm/min，铣削深度为 0.7mm；精加工转速为 300r/min，进给速度为 80mm/min，铣削深度为 0.3mm。

2）粗、精铣 $\phi(50\pm0.02)$mm 圆形轮廓及带圆弧方形外轮廓，选用 ϕ20mm 高速钢立铣刀，刀具号 T2。粗加工转速为 600r/min，进给速度为 100mm/min；精加工转速为 800r/min，进给速度为 80mm/min。

3）粗、精加工 16mm×16mm 矩形槽，选用 ϕ8mm 硬质合金键槽铣刀，刀具号 T3。粗加工转速为 800r/min，进给速度为 100mm/min；精加工转速为 1000r/min，进给速度为 80mm/min。

4）钻中心孔，选 A3 中心钻，刀具号 T4，转速为 1000r/min，进给速度为 80mm/min。

5）钻 ϕ6mm 孔，选 ϕ6mm 麻花钻，刀具号 T5，转速为 800r/min，进给速度为

80mm/min。

工件坐标系原点选在工件上表面几何中心点，粗、精加工内、外轮廓用同一程序，通过设置刀具半径、长度磨损，修调主轴倍率、进给倍率等依次完成内外轮廓的粗、精加工。加工凸模参考程序见表 A-37，法那克系统程序名为“O0063”，西门子系统程序名为“XX0063. MPF”。

表 A-37 凸模数控加工程序

程序段号	法那克系统程序	西门子系统程序	指令含义
N10	G00 G54 X95 Y -25 Z100 M03 S150 T1	G00 G54 X95 Y -25 Z100 M03 S150 T1	设置粗铣平面参数
N20	G43 Z10 H01	Z10	进给
N30	G01 Z -0. 7 F100	G01 Z -0. 7 F100	
N40	X -95	X -95	粗铣平面
N50	Y25	Y25	
N60	X95	X95	
N70	Y -25	Y -25	刀具移至（95，-25）
N80	G01 Z -1 F100	G01 Z -1 F100	进给
N90	M03 S300	M03 S300	主轴正转，转速 300r/min
N100	X -95 F80	X -95 F80	精铣平面
N110	G00 Z10	G00 Z10	抬刀
N120	X95 Y25	X95 Y25	刀具移至（95，25）
N130	G01 Z -1 F100	G01 Z -1 F100	进给
N140	X -95 F80	X -95 F80	再次精铣平面
N150	G00 Z200	G00 Z200	抬刀
N160	M00 M05	M00 M05	程序停止、主轴停止，换刀
N170	M03 S600 T2	M03 S600 T2	设置转速，选 ϕ20mm 立铣刀
N180	G00 X55 Y0 G43 Z5 H02	G00 X55 Y0 Z5	进给
N190	G01 Z -4 F50	G01 Z -4 F50	
N200	G02 I -55 J0 F100	G02 I -55 J0 F100	加工余量
N210	G01 G41 X45 Y0 D2	G01 G41 X45 Y0	建立刀补
N220	G03 X25 Y0 R10	G03 X25 Y0 CR = 10	圆弧切入
N230	G02 I -25 J0	G02 I -25 J0	加工 ϕ(50 ± 0. 02) mm 圆形轮廓
N240	G03 X45 Y0 R10	G03 X45 Y0 CR = 10	圆弧切出
N250	G00 Z5	G00 Z5	抬刀
N260	G40 X0 Y0	G40 X0 Y0	取消刀补
N270	X -65 Y -65	X -65 Y -65	刀具空间移动
N280	G00 Z -6	G00 Z -6	进给
N290	G01 G41 X -45 Y -45 D2	G01 G41 X -45 Y -45	建立刀补

（续）

程序段号	法那克系统程序	西门子系统程序	指令含义
N300	Y－15	Y－15	加工带圆弧槽矩形外轮廓
N310	G03 Y15 R15	G03 Y15 CR＝15	
N320	G01 Y45	G01 Y45	
N330	X－15	X－15	
N340	G03 X15 R15	G03 X15 CR＝15	
N350	G01 X45	G01 X45	
N360	Y15	Y15	
N370	G03 Y－15 R15	G03 Y－15 CR＝15	
N380	G01 Y－45	G01 Y－45	
N390	X15	X15	
N400	G03 X－15 R15	G03 X－15 CR＝15	
N410	G01 X－45	G01 X－45	
N420	G40 X－60 Y－60	G40 X－60 Y－60	取消刀具补偿
N430	G00 Z100	G00 Z100	抬刀
N440	M00 M05	M00 M05	程序停止、主轴停止，换刀
N450	M03 S800 T3	M03 S800 T3	设置主轴转速，换 ϕ8mm 键槽铣刀
N460	G00 G43 X0 Y0 Z5 H03	G00 X0 Y0 Z5	刀具空间移动
N470	G01 Z－6 F50	G01 Z－6 F50	进给
N480	G68 X0 Y0 R45	ROT RPL＝45	坐标系偏转
N490	G41 X8 Y0 D3 F100	G41 X8 Y0 F100	建立刀补
N500	Y8，R5	Y8 RND＝5	加工 16mm×16mm 矩形凹槽
N510	X－8，R5	X－8 RND＝5	
N520	Y－8，R5	Y－8 RND＝5	
N530	X8，R5	X8 RND＝5	
N540	Y0	Y0	
N550	G69	ROT	取消坐标系偏转
N560	G00 Z100	G00 Z100	抬刀
N570	G40 X0 Y0	G40 X0 Y0	取消刀补
N580	M00 M05	M00 M05	程序停止、主轴停止，测量，换中心钻
N590	M03 S1000 T4	M03 S1000 T4	设置钻中心孔转速
N600	G00 G43 Z10 H04	G00 X35 Y35 Z10 F80	设置循环参数，调用钻孔循环钻中心孔
N610		CYCLE82（5，0，3，－4，，2）	
N620	G82 G99 X35 Y35 Z－4 P2 R5 F80		

（续）

程序段号	法那克系统程序	西门子系统程序	指令含义
N630		X -35	钻第二个中心孔
N640	X -35	CYCLE82（5，0，3，-4，，2）	
N650		Y -35	钻第三个中心孔
N660	Y -35	CYCLE82（5，0，3，-4，，2）	
N670		X35	钻第四个中心孔
N680	X35	CYCLE82（5，0，3，-4，，2）	
N690	M00 M05	M00 M05	程序停止、主轴停止，测量，换麻花钻
N700	M03 S800 T5	M03 S800 T5	设置钻孔转速
N710	G00 G43 Z10 H05	X35 Y35 Z10 F80	设置循环参数，调用钻孔循环钻孔
N720		CYCLE82（5，0，3，-4，，2）	
N730	G82 G99 X35 Y35 Z -4 P2 R5 F80		
N740		X -35	钻第二个孔
N750	X -35	CYCLE82（5，0，3，-4，，2）	
N760		Y -35	钻第三个孔
N770	Y -35	CYCLE82（5，0，3，-4，，2）	
N780		X35	钻第四个孔
N790	X35	CYCLE82（5，0，3，-4，，2）	
N800	G00 G80 G49 Z200	G00 Z200	抬刀（取消循环、取消长度补偿）
N810	M05	M05	主轴停止
N820	M30	M30	程序结束

4. 编程提示：

1）粗、精加工上表面，选用 ϕ80mm 盘铣刀，刀具号 T1，粗铣转速为 150r/min，进给速度为 100mm/min，铣削深度为 0.7mm；精铣转速为 300r/min，进给速度为 80mm/min，铣削深度为 0.3mm。

2）粗加工外轮廓，选用 ϕ10mm 硬质合金键槽铣刀，刀具号 T2，转速为 800r/min，进给速度为 100mm/min，留 0.3mm 精加工余量。

3）精加工外轮廓，选用 ϕ10mm 硬质合金立铣刀，刀具号 T3，转速为 1000r/min，进给速度为 80mm/min。

4）钻 2 个 ϕ8mm 及 ϕ20mm 位置中心孔，选 A3 中心钻，刀具号 T4，转速为 1000r/min，进给速度为 80mm/min。

5）钻 ϕ20mm 孔，选用 ϕ16mm 麻花钻，刀具号 T5，转速为 600r/min，进给速度为 60mm/min。

6）铣 ϕ20mm 孔，选用 ϕ10mm 硬质合金键槽铣刀，刀具号 T2，转速为 800r/min，进给速度为 100mm/min，镗孔余量 0.5mm。

7）镗 $\phi 20^{+0.6}_{0}$mm 孔至尺寸，选用 ϕ20mm 镗刀，刀具号 T6，转速为 600r/min，进给速度为 60mm/min。

8）钻 2 个 ϕ8mm 孔，选用 ϕ7.8mm 麻花钻，刀具号 T7，转速为 800r/min，进给速度为 100mm/min。

9）铰 2 个 ϕ8H8 孔，选用 ϕ8H8 铰刀，刀具号 T8，转速为 300r/min，进给速度为 60mm/min。

参考程序如下：

1）粗、精铣上表面参考程序见表 A-38，法那克系统程序名为“O0164”，西门子系统程序名为“XX0164. MPF”。

表 A-38　粗、精铣上表面数控加工程序

程序段号	法那克系统程序	西门子系统程序	指令含义
N10	G00 G54 X85 Y－20 Z100 M03 S150 T1	G00 G54 X85 Y－20 Z100 M03 S150 T1	设置粗铣平面参数
N20	G43 Z10 H01	Z10	进给
N30	G01 Z－0.7 F100	G01 Z－0.7 F100	
N40	X－85	X－85	粗铣平面
N50	Y20	Y20	
N60	X85	X85	
N70	Y－20	Y－20	刀具移至（85，－20）
N80	G01 Z－1 F100	G01 Z－1 F100	进给
N90	M03 S300	M03 S300	主轴正转，转速为 300r/min
N100	X－85 F80	X－85 F80	精铣平面
N110	G00 Z10	G00 Z10	抬刀
N120	X85 Y20	X85 Y20	刀具移至（85，20）
N130	G01 Z－1 F100	G01 Z－1 F100	进给
N140	X－85 F80	X－85 F80	再次精铣平面
N150	G00 Z200	G00 Z200	抬刀
N160	M05	M05	主轴停止
N170	M30	M30	程序结束

2）加工外轮廓参考程序见表 A-39。粗、精加工用同一程序，加工中通过更换刀具，修改刀具半径，长度补偿及手调主轴转速倍率、进给倍率等实现粗、精加工。法那克系统程序名为“O0264”，西门子系统程序名为“XX0264. MPF”。

表 A-39　外轮廓数控加工程序

程序段号	法那克系统程序	西门子系统程序	指令含义
N10	G00 G54 X0 Y0 Z100 M03 S800 T2	G00 G54 X0 Y0 Z100 M03 S800 T2	设置参数
N20	G43 Z5 H02	Z5	进给至 Z5
N30	G68 X0 Y0 R35	ROT RPL = 35	坐标系偏转 35°
N40	G41 X41 Y16 D2	G41 X41 Y16	建立刀具半径补偿
N50	G01 Z - 4 F50	G01 Z - 4 F50	进给至工件深度
N60	Y0 F100	Y0 F100	刀具沿直线切入
N70	G02 X23. 18 Y - 15. 847 R16	G02 X23. 18 Y - 15. 847 CR = 16	加工中间凸台轮廓
N80	G01 X - 26. 627 Y - 8. 914	G01 X - 26. 627 Y - 8. 914	
N90	G02 X - 26. 627 Y8. 914 R9	G02 X - 26. 627 Y8. 914 CR = 9	
N100	G01 X23. 18 Y15. 847	G01 X23. 18 Y15. 847	
N110	G02 X41 Y0 R16	G02 X41 Y0 CR = 16	
N120	G01 Y - 16	G01 Y - 16	刀具沿直线切出
N130	G00 Z5	G00 Z5	抬刀
N140	G40 X45 Y - 22	G40 X45 Y - 22	取消刀补
N150	G69	TRANS	取消坐标系偏转
N160	X45 Y - 25	X45 Y - 25	空间移动刀具
N170	G01 Z - 4 F50	G01 Z - 4 F50	进给至工件深度
N180	G41 X34. 641 Y - 20 D2 F100	G41 X34. 641 Y - 20 F100	建立刀具半径补偿
N190	G02 X20 Y - 34. 641 R40	G02 X20 Y - 34. 641 CR = 40	加工右下角腰形凸台轮廓
N200	G02 X15 Y - 25. 98 R5	G02 X15 Y - 25. 98 CR = 5	
N210	G03 X25. 98 Y - 15 R30	G03 X25. 98 Y - 15 CR = 30	
N220	G02 X34. 641 Y - 20 R5	G02 X34. 641 Y - 20 CR = 5	
N230	G01 G40 X45 Y - 25	G01 G40 X45 Y - 25	取消刀补，退出刀具
N240	G00 Z5	G00 Z5	抬刀
N250	X - 45 Y25	X - 45 Y25	空间移动刀具
N260	G01 Z - 4 F50	G01 Z - 4 F50	进给至工件深度
N270	G41 X - 34. 641 Y20 D2 F100	G41 X - 34. 641 Y20 F100	建立刀具半径补偿
N280	G02 X - 20 Y34. 641 R40	G02 X - 20 Y34. 641 CR = 40	加工左上角凸台轮廓
N290	G02 X - 15 Y25. 98 R5	G02 X - 15 Y25. 98 CR = 5	
N300	G03 X - 25. 98 Y15 R30	G03 X - 25. 98 Y15 CR = 30	
N310	G02 X - 34. 641 Y20 R5	G02 X - 34. 641 Y20 CR = 5	
N320	G01 G40 X - 45 Y25	G01 G40 X - 45 Y25	取消刀具半径补偿
N330	G00 Z5	G00 Z5	抬刀（取消长度补偿）
N340	G49 Z100	Z100	
N350	M05	M05	主轴停止
N360	M30	M30	程序结束

凸台轮廓加工后的剩余余量另编程序切除，此程序略。

3）钻中心孔、钻 ϕ16mm 孔，铣、镗 ϕ20mm 孔参考程序见表 A-40，法那克系统程序名为“O0364”，西门子系统程序名为“XX0364. MPF”。

表 A-40　钻、铣、镗孔数控加工程序

程序段号	法那克系统程序	西门子系统程序	指令含义
N10	G00 G54 X0 Y0 Z100 M03 S1000 T4	G00 G54 X0 Y30 Z100 M03 S1000 T4	设置参数
N20	G43 Z10 H04 M08	Z10 M08 F80	进给
N30		CYCLE82（5，0，3，－4，，2）	设置钻中心孔参数，调用钻孔循环钻中心孔
N40	G82 X0 Y30 Z－4 R5 P2 F80		
N50	Y－30	G00 X0 Y－30	刀具移至另一孔位置钻中心孔
N60		CYCLE82（5，0，3，－4，，2）	
N70	G68 X0 Y0 R35	ROT RPL＝35	坐标系偏转
N80		X25 Y0	刀具移至 ϕ20mm 孔位置，钻中心孔
N90	G82 X25 Y0 Z－4 P2 R5 F80	CYCLE82（5，0，3，－4，，2）	
N100	G69	ROT	取消坐标系偏转
N110	G00 Z200 G80 M09	G00 Z200 M09	抬刀，切削液关（取消钻孔循环）
N120	M00 M05	M00 M05	程序停止、主轴停止，换 ϕ16mm 麻花钻
N130	M03 S600 T5 M08	M03 S600 M08 T5	设置钻孔转速、切削液开
N140	G00 G43 Z10 H05	G00 Z10 F60	进给
N150	G68 X0 Y0 R35	ROT RPL＝35	坐标系偏转
N160		X25 Y0	刀具移至 ϕ20mm 孔位置
N170		CYCLE82（5，0，2，－18，，2）	设置钻孔参数，钻孔
N180	G82 X25 Y0 Z－18 R5 P2 F60		
N190	G69	ROT	取消坐标系偏转
N200	G00 Z200 G80 M09	G00 Z200 M09	抬刀，切削液关（取消钻孔循环）
N210	M00 M05	M00 M05	程序停止、主轴停止，换 ϕ10mm 键槽铣刀
N220	M03 S800 T2	M03 S800 T2	设置铣削转速
N230	G00 G43 Z5 H02	G00 Z5	空间移动刀具
N240	G68 X0 Y0 R35	ROT RPL＝35	坐标系偏转
N250	X25 Y0	X25 Y0	刀具移至 ϕ20mm 孔位置

（续）

程序段号	法那克系统程序	西门子系统程序	指令含义
N260	G01 Z-16 F100	G01 Z-16 F100	进给
N270	G41 X34.5 Y0 D2	G41 X34.5 Y0	建立刀具补偿
N280	G03 I-9.5 J0	G03 I-9.5 J0	铣孔，留0.5mm镗削余量
N290	G01 G40 X25 Y0	G01 G40 X25 Y0	取消刀具补偿
N300	G00 Z200	G00 Z200	抬刀
N310	M00 M05	M00 M05	程序停止、主轴停止，换镗刀
N320	M03 S600 T6	M03 S600 T6	设置镗孔转速
N330	G43 X25 Y0 Z5 H06	X25 Y0 Z5	刀具移至镗孔位置
N340	G01 Z-16 F60	G01 Z-16 F60	镗孔
N350	Z5 F80	Z5 F80	退出镗刀
N360	G00 Z200 G49	G00 Z200	抬刀
N370	G69	TRANS	取消坐标系偏转
N380	M05	M05	主轴停止
N390	M30	M30	程序结束

4）钻2×ϕ8mm孔及铰2×ϕ8H8孔的参考程序见表A-41，法那克系统程序名为“O0464”，西门子系统程序名为“XX0464.MPF”。

表A-41　钻、铰孔数控加工程序

程序段号	法那克系统程序	西门子系统程序	指令含义
N10	G00 G54 X0 Y0 Z200 M03 S800 T7	G00 G54 X0 Y0 Z200 M03 S800 T7	设置参数，选ϕ7.8mm钻头
N20	G43 Z5 H07 M08	X0 Y30 Z5 M08	刀具移至孔位置，调用深孔钻削循环钻孔
N30		CYCLE83（5，0，2，-18，，，8，3，2，2，0.5，1）	
N40	G83 X0 Y30 Z-18 R5 P2 Q5 F100		
N50	Y-30	G00 X0 Y-30	刀具移至钻孔位置钻第二个孔
N60		CYCLE83（5，0，2，-18，，，8，3，2，2，0.5，1）	
N70	G00 Z200 G80 M09	G00 Z200 M09	抬刀，切削液关（取消钻孔循环）
N80	M00 M05	M00 M05	主轴停止、程序停止，换铰刀
N90	M03 S300 T8 M08	M03 S300 M08 T8	设置铰孔转速
N100	G43 Z10 H08	Z10	进给
N110	G00 X0 Y30	G00 X0 Y30	刀具移至孔加工位置
N120	G01 Z-18 F60	G01 Z-18 F60	铰孔
N130	G04 X2	G04 F2	暂停2s

（续）

程序段号	法那克系统程序	西门子系统程序	指令含义
N140	Z5	Z5	退出刀具
N150	G00 Y-30	G00 Y-30	空间移动刀具至第二孔位置
N160	G01 Z-18 F60	G01 Z-18 F60	铰孔
N170	G04 X2	G04 F2	暂停2s
N180	Z5	Z5	退出刀具
N190	G00 Z200 G49	G00 Z200	抬刀
N200	M05	M05	主轴停止
N210	M30	M30	程序结束

5. 编程提示：

1）粗、精加工上表面，选用 ϕ80mm 盘铣刀，刀具号 T1。粗铣转速为 150r/min，进给速度为 100mm/min，下刀深度为 0.7mm；精铣转速为 300r/min，进给速度为 80mm/min，下刀深度为 0.3mm。

2）粗加工凹槽轮廓，选用 ϕ6mm 硬质合金键槽铣刀，刀具号 T2，转速为 1000r/min，进给速度为 100mm/min，留 0.3mm 精加工余量。

3）精加工凹槽轮廓，选用 ϕ6mm 硬质合金立铣刀，刀具号 T3，转速为 1200r/min，进给速度为 80mm/min。

4）钻 2×ϕ8H8 中心孔，选用 A3 中心钻，刀具号 T4，转速为 1000r/min，进给速度为 80mm/min。

5）钻 2×ϕ8mm 孔，选用 ϕ7.8mm 麻花钻，刀具号 T5，转速为 800r/min，进给速度为 100mm/min。

6）铰 2×ϕ8H8 孔，选用 ϕ8H8 铰刀，刀具号 T6，转速为 300r/min，进给速度为 60mm/min。

工件坐标系原点选在工件上表面几何中心点，参考程序如下：

1）粗、精加工上表面程序同前一课题（略）。

2）粗、精加工凹槽轮廓参考程序见表 A-42。粗、精加工用同一程序，加工中通过更换刀具，修改刀具半径，长度补偿及手调主轴转速倍率、进给倍率等实现粗、精加工。法那克系统程序名为“O0165”，西门子系统程序名为“XX0165. MPF”。

表 A-42　轮廓数控加工程序

程序段号	法那克系统程序	西门子系统程序	指令含义
N10	G00 G54 X0 Y0 Z100 M03 S1000 T2	G00 G54 X0 Y0 Z100 M03 S1000 T2	设置参数，选 ϕ6mm 硬质合金键槽铣刀
N20	G43 Z10 H02	Z10	刀具接近工件
N30	X50 Y0	X50 Y0	刀具移至起刀点
N40	G00 Z-4	G00 Z-4	进给
N50	G01 G41 X40 Y22.361 D2 F100	G01 G41 X40 Y22.361 F100	建立刀具半径补偿

（续）

程序段号	法那克系统程序	西门子系统程序	指令含义
N60	G03 Y -22.361 R30	G03 Y -22.361 CR=30	加工右侧 *R*30mm 圆弧轮廓
N70	G01 G40 X60 Y0	G01 G40 X60 Y0	取消刀具补偿
N80	G00 Z -7	G00 Z -7	进给
N90	G01 G41 X40 Y15 D2	G01 G41 X40 Y15	建立刀具半径补偿
N100	G03 Y -15 R25	G03 Y -15 CR=25	加工右侧 *R*25mm 圆弧轮廓
N110	G01 G40 X50 Y0	G01 G40 X50 Y0	取消刀具补偿
N120	G00 Z5	G00 Z5	抬刀
N130	X0 Y40	X0 Y40	刀具空间移动到（0，40）
N140	G01 Z -4 F50	G01 Z -4 F50	进给
N150	G41 X -10 D2 F100	G41 X -10 F100	建立刀具半径补偿
N160	G03 X10 R10	G03 X10 CR=10	加工上端 *R*10mm 圆弧轮廓
N170	G01 G40 X0 Y50	G01 G40 X0 Y50	取消刀具补偿
N180	G00 Z5	G00 Z5	抬刀
N190	X -50 Y0	X -50 Y0	刀具移到工件左侧
N200	G00 Z -4	G00 Z -4	进给
N210	G01 G41 X -40 Y -22.361 D2	G01 G41 X -40 Y -22.361	建立刀具半径补偿
N220	G03 Y22.361 R30	G03 Y22.361 CR=30	加工左侧 *R*30mm 圆弧轮廓
N230	G01 G40 X -60 Y0	G01 G40 X -60 Y0	取消刀具补偿
N240	G00 Z -7	G00 Z -7	进给
N250	G01 G41 X -40 Y -15 D2	G01 G41 X -40 Y -15	建立刀具半径补偿
N260	G03 Y15 R25	G03 Y15 CR=25	加工左侧 *R*25mm 圆弧轮廓
N270	G01 G40 X -50 Y0	G01 G40 X -50 Y0	取消刀具半径补偿
N280	G00 Z5	G00 Z5	抬刀
N290	X0 Y -40	X0 Y -40	刀具移至工件下方
N300	G01 Z -4 F50	G01 Z -4 F50	进给
N310	G41 X10 Y -40 D2	G41 X10 Y -40	建立刀具半径补偿
N320	G03 X -10 R10	G03 X -10 CR=10	加工工件下端 *R*10mm 圆弧槽
N330	G01 G40 X0 Y -50	G01 G40 X0 Y -50	取消刀具半径补偿
N340	G00 Z5	G00 Z5	抬刀
N350	X0 Y0	X0 Y0	刀具移至工件中心
N360	G01 Z -4 F50	G01 Z -4 F50	进给
N370	X7 F100	X7 F100	加工中间圆弧槽余量
N380	G03 I -7 J0	G03 I -7 J0	
N390	G01 X14	G01 X14	
N400	G03 I -14 J0	G03 I -14 J0	

（续）

程序段号	法那克系统程序	西门子系统程序	指令含义
N410	G01 G41 X20 Y0 D2	G01 G41 X20 Y0	建刀具补偿
N420	G03 I－20 J0	G03 I－20 J0	加工 ϕ40mm 圆弧槽
N430	G01 G40 X0 Y0	G01 G40 X0 Y0	取消刀具补偿
N440	Z－7 F50	Z－7 F50	进给
N450	G41 X5 Y5 D2 F100	G41 X5 Y5 F100	建立刀具半径补偿
N460	G01 Y10	G01 Y10	加工中间十字形槽
N470	G03 X－5 R5	G03 X－5 CR＝5	
N480	G01 Y5	G01 Y5	
N490	X－10	X－10	
N500	G03 Y－5 R5	G03 Y－5 CR＝5	
N510	G01 X－5	G01 X－5	
N520	Y－10	Y－10	
N530	G03 X5 R5	G03 X5 CR＝5	
N540	G01 Y－5	G01 Y－5	
N550	X10	X10	
N560	G03 Y5 R5	G03 Y5 CR＝5	
N570	G01 X5	G01 X5	
N580	G40 X0 Y0	G40 X0 Y0	取消刀具半径补偿
N590	G00 Z5	G00 Z5	抬刀（取消长度补偿）
N600	Z100 G49	Z100	
N610	M05	M05	主轴停止
N620	M30	M30	程序结束

3）钻中心孔、钻孔、铰孔参考程序见表 A-43，法那克系统程序名为“O0265”，西门子系统程序名为“XX0265. MPF”。

表 A-43　钻、铰孔数控加工程序

程序段号	法那克系统程序	西门子系统程序	指令含义
N10	G00 G54 X0 Y0 Z200 M03 S1000 T4	G00 G54 X0 Y0 Z200 M03 S1000 T4	设置钻中心孔转速
N20	G00 G43 Z5 H04 M08	X－30 Y－30 Z5 F80 M08	刀具移至 ϕ8H8 孔位置
N30		CYCLE82（5，0，2，－4，，2）	设置钻中心孔参数，调用循环钻中心孔
N40	G82 X－30 Y－30 Z－4 P2 R5 F80		
N50		X30 Y30	刀具移至另一孔位置，调用循环钻另一中心孔
N60	X30 Y30	CYCLE82（5，0，2，－4，，2）	
N70	G00 Z200 G80 M09	Z200 M09	抬刀，切削液关

（续）

程序段号	法那克系统程序	西门子系统程序	指令含义
N80	M00 M05	M00 M05	程序停止、主轴停止，换麻花钻
N90	M03 S800 T5	M03 S800 T5	设置钻孔转速
N100	G00 G43 Z5 H05 M08	X -30 Y -30 Z5 M08 F100	刀移至钻孔位置
N110		CYCLE83（5，0，2，-18，，-8，，3，2，2，0.5，1）	调用钻深孔循环钻孔
N120	G83 X -30 Y -30 Z -18 R5 Q5 F100		
N130	X30 Y30	X30 Y30	刀具移至另一孔位置，调用循环钻另一孔
N140		CYCLE83（5，0，2，-18，，-8，，3，2，2，0.5，1）	
N150	G00 G80 Z200 M09	G00 Z200 M09	抬刀，切削液关
N160	M00 M05	M00 M05	程序停止、主轴停止，换铰刀
N170	M03 S300 T6	M03 S600 T6	设置铰孔转速
N180	G43 Z10 H06	Z10	刀具下移
N190	G00 X -30 Y -30	G00 X -30 Y -30	刀具移至 ϕ8H8 孔位置
N200	G01 Z -18 F60	G01 Z -18 F60	铰孔
N210	Z5	Z5	铰刀退出工件
N220	G00 X30 Y30	G00 X30 Y30	铰刀移至另一孔位置
N230	G01 Z -18	G01 Z -18	继续铰孔
N240	Z5	Z5	铰刀退出
N250	G00 Z200	G00 Z200	抬刀
N260	M30	M30	程序结束

6. 编程提示：

1）粗、精加工上表面，选用 ϕ80mm 盘铣刀，刀具号 T1。粗铣转速为 150r/min，进给速度为 100mm/min，铣削深度为 0.7mm；精铣转速为 300r/min，进给速度为 80mm/min，铣削深度为 0.3mm。

2）粗加工外轮廓，选用 ϕ12mm 硬质合金键槽铣刀，刀具号 T2，转速为 800r/min，进给速度为 100mm/min，留 0.3mm 精加工余量。

3）精加工外轮廓，选用 ϕ12mm 硬质合金立铣刀，刀具号 T3，转速为 1200r/min，进给速度为 80mm/min。

4）钻六个位置中心孔，铣用 A3 中心钻，刀具号 T4，转速为 1000r/min，进给速度为 80mm/min。

5）钻 ϕ16mm 孔，选用 ϕ12mm 麻花钻，刀具号 T5，转速为 800r/min，进给速度为 60mm/min。

6）钻 2 个 M6 孔，选用 ϕ5mm 麻花钻，刀具号 T6，转速为 800r/min，进给速度为 60mm/min。

7）钻 3 个 ϕ6H7 孔，选用 ϕ5.8mm 麻花钻，刀具号 T7，转速为 800r/min，进给速度为 60mm/min。

8）铣 ϕ16mm 孔，选用 ϕ12mm 硬质合金键槽铣刀，刀具号 T2，转速为 800r/min，进给速度为 100mm/min，留镗孔余量 0.5mm。

9）攻 M6 螺纹，用 M6 丝锥，刀具号 T8，转速为 200r/min，进给速度为 200mm/min。

10）镗 ϕ16mm 孔至尺寸，选用 ϕ16mm 镗刀，刀具号 T9，转速为 600r/min，进给速度为 60mm/min。

11）铰 2 个 ϕ6H7 孔，选用 ϕ6H7 铰刀，刀具号 T10，转速为 300r/min，进给速度为 60mm/min。

参考程序如下：

1）盘铣刀粗、精铣上表面程序同上题（略），工件坐标系原点取铣削平面后上表面的几何中心点。

2）加工外轮廓参考程序见表 A-44。粗、精加工用同一程序，加工中通过更换刀具，修改刀具半径，长度补偿及手调主轴转速倍率、进给倍率等实现粗、精加工。法那克系统程序名为“O0166”，西门子系统程序名为“XX0166.MPF”。

表 A-44 轮廓数控加工程序

程序段号	法那克系统程序	西门子系统程序	指令含义
N10	G00 G54 X0 Y0 Z100 M03 S800 T2	G00 G54 X0 Y0 Z100 M03 S800 T2	设置参数，选 ϕ12 键槽铣刀
N20	G43 X48 Y20 Z5 H02	X48 Y20 Z5	进给至（48，20，5）
N30	G01 Z-3 F100	G01 Z-3 F100	
N40	G41 X23 Y15 D2	G41 X23 Y15	建立刀具半径补偿
N50	Y0	Y0	沿轮廓切线切入
N60	G02 X19.878 Y-4.634 R5	G02 X19.878 Y-4.634 CR=5	加工梅花形外轮廓
N70	G03 X10.55 Y-17.473 R15	G03 X10.55 Y-17.473 CR=15	
N80	G02 X1.736 Y-20.337 R5	G02 X1.736 Y-20.337 CR=5	
N90	G03 X-13.358 Y-15.433 R15	G03 X-13.358 Y-15.433 CR=15	
N100	G02 X-18.805 Y-7.935 R5	G02 X-18.805 Y-7.935 CR=5	
N110	G03 X-18.805 Y7.935 R15	G03 X-18.805 Y7.935 CR=15	
N120	G02 X-13.358 Y15.433 R5	G02 X-13.358 Y15.433 CR=5	
N130	G03 X1.736 Y20.337 R15	G03 X1.736 Y20.337 CR=15	
N140	G02 X10.55 Y17.473 R5	G02 X10.55 Y17.473 CR=5	
N150	G03 X19.878 Y4.634 R15	G03 X19.878 Y4.634 CR=15	
N160	G02 X23 Y0 R5	G02 X23 Y0 CR=5	
N170	G01 Y-15	G01 Y-15	直线切出
N180	G00 Z5	G00 Z5	抬刀
N190	G40 X55 Y10	G40 X55 Y10	取消刀补
N200	G01 Z-6 F100	G01 Z-6 F100	进给

（续）

程序段号	法那克系统程序	西门子系统程序	指令含义
N210	G41 X45 Y0 D2	G41 X45 Y0	建立刀具补偿
N220	G03 X25 Y0 R10	G03 X25 Y0 CR = 10	圆弧切入
N230	G01 Y - 25 R10	G01 Y - 25 RND = 10	加工 50mm × 50mm 外轮廓
N240	X - 25 R10	X - 25 RND = 10	
N250	Y25 R10	Y25 RND = 10	
N260	X25 R10	X25 RND = 10	
N270	Y0	Y0	
N280	G03 X45 R10	G03 X45 CR = 10	圆弧切出
N290	G00 Z5	G00 Z5	抬刀
N300	G40 X20 Y20	G40 X20 Y20	取消刀具补偿
N310	M98 P0266	L266	调用子程序加工右上角凸台
N320	G51. 1 X0	MIRROR X0	镜像，调用子程序加工左上角凸台
N330	M98 P0266	L266	
N340	G51. 1 Y0	MIRROR Y0	镜像，调用子程序加工右下角凸台
N350	M98 P0266	L266	
N360	G51. 1 X0 Y0	MIRROR X0 Y0	镜像，调用子程序加工左下角凸台
N370	M98 P0266	L266	
N380	G50. 1	MIRROR	取消镜像功能
N390	G00 Z200 G49	G00 Z200	抬刀
N400	M05	M05	主轴停止
N410	M30	M30	程序停

镜像加工凸台子程序见表 A-45，法那克系统程序名为“O0266”，西门子系统程序名为“L266. SPF”。

表 A-45　镜像加工凸台子程序

程序段号	法那克系统程序	西门子系统程序	指令含义
N10	G00 X65 Y20 Z10	G00 X65 Y20 Z10	刀具空间移至（65，20）
N20	G01 Z - 6 F100	G01 Z - 6 F100	进给
N30	G41 X45 Y29. 5 D2	G41 X45 Y29. 5	建立刀具补偿
N40	X37	X37	直线加工至（37，29.5）
N50	G02 X29. 5 Y37 R7. 5	G02 X29. 5 Y37 CR = 7. 5	加工圆角
N60	G01 Y45	G01 Y45	直线加工至（29.5，45）
N70	G00 Z5	G00 Z5	抬刀
N80	G40 X20 Y60	G40 X20 Y60	取消刀具补偿
N90	M99	M17	子程序结束

凸台轮廓加工后的余量应另编程序切除，此程序略。

3）钻中心孔、钻孔、铣孔、攻螺纹、镗孔、铰孔参考程序见表 A-46，法那克系统程序名为“O0366”，西门子系统程序名为“XX0366. MPF”。

表 A-46　钻、铣、镗、铰孔数控加工程序

程序段号	法那克系统程序	西门子系统程序	指令含义
N10	G00 G54 X0 Y0 Z100 M03 S1000 T4	G00 G54 X0 Y0 Z100 M03 S1000 T4	设置参数，选 A3 中心钻
N20	G43 Z10 H04 M08	Z10 X18 Y0 M08 F80	进给
N30		CYCLE82（5，0，2，-3，，2）	设置钻中心孔参数，调用循环钻第一位置钻中心孔
N40	G82 X18 Y0 Z-3 R5 P2 F80		
N50	G68 X0 Y0 R72	ROT RPL=72	坐标系偏转，调用钻孔循环钻第二位置中心孔
N60		G00 X18 Y0	
N70	G82 X18 Y0 Z-3 R5 P2 F80	CYCLE82（5，0，2，-3，，2）	
N80	G68 X0 Y0 R144	ROT RPL=144	坐标系偏转，调用钻孔循环钻第三位置中心孔
N90		G00 X18 Y0	
N100	G82 X18 Y0 Z-3 R5 P2 F80	CYCLE82（5，0，2，-3，，2）	
N110	G68 X0 Y0 R216	ROT RPL=216	坐标系偏转，调用钻孔循环钻第四位置中心孔
N120		G00 X18 Y0	
N130	G82 X18 Y0 Z-3 R5 P2 F80	CYCLE82（5，0，2，-3，，2）	
N140	G68 X0 Y0 R288	ROT RPL=288	坐标系偏转，调用钻孔循环钻第五位置中心孔
N150		G00 X18 Y0	
N160	G82 X18 Y0 Z-3 R5 P2 F80	CYCLE82（5，0，2，-3，，2）	
N170	G69	ROT	取消坐标系偏转
N180		G00 X0 Y0	调用循环钻原点位置中心孔
N190	G82 X0 Y0 Z-3 R5 P2 F80	CYCLE82（5，0，2，-3，，2）	
N200	G00 G80 Z200 M09	G00 Z200 M09	抬刀，切削液关
N210	M00 M05	M00 M05	程序停止、主轴停止，换 ϕ12mm 麻花钻
N220	M03 S800 T5 M08	M03 S800 T5 M08	设置钻孔转速，切削液开
N230	G00 X0 Y0 G43 Z10 H05	G00 X0 Y0 Z10 F60	进给
N240		CYCLE83（5，0，2，-18，，，8，3，2，2，0.5，1）	设置钻孔参数，调用深孔循环钻 ϕ12mm 孔
N250	G83 X0 Y0 Z-18 R5 Q4 P2 F60		
N260	G00 G80 Z200 M09	G00 Z200 M09	抬刀，切削液关
N270	M00 M05	M00 M05	程序停止、主轴停止，换 ϕ5mm 麻花钻

（续）

程序段号	法那克系统程序	西门子系统程序	指令含义
N280	M03 S800 T6 M08	M03 S800 T6 M08	设置钻孔转速，切削液开
N290	G43 Z10 H06	Z10 X18 Y0 F60	进给
N300	G83 X18 Y0 Z－18 R5 Q4 P2 F60	CYCLE83（5，0，2，－18，，，8，3，2，2，0.5，1）	设置钻孔参数，调用深孔循环钻第一位置M6孔
N310			
N320	G68 X0 Y0 R72	ROT RPL＝72	坐标系偏转，调用循环钻第二位置M6孔
N330		G00 X18 Y0	
N340	G83 X18 Y0 Z－18 R5 Q4 P2 F60	CYCLE83（5，0，2，－18，，，8，3，2，2，0.5，1）	
N350	G00 G80 Z200 M09	G00 Z200 M09	抬刀，切削液关
N360	M00 M05	M00 M05	程序停止、主轴停止，换ϕ5.8mm钻头
N370	M03 S800 T7 M08	M03 S800 T7 M08	设置钻孔转速，切削液开
N380	G43 Z10 H07	Z10	进给
N390	G68 X0 Y0 R144	ROT RPL＝144	坐标系偏转，调用循环钻第一个ϕ6H7孔
N400		G00 X18 Y0	
N410	G83 X18 Y0 Z－18 R5 Q4 P2 F80	CYCLE83（5，0，2，－18，，，8，3，2，2，0.5，1）	
N420	G68 X0 Y0 R216	ROT RPL＝216	坐标系偏转，调用循环钻第二个ϕ6H7孔
N430		G00 X18 Y0	
N440	G82 X18 Y0 Z－18 R5Q4 P2 F80	CYCLE83（5，0，2，－18，，，8，3，2，2，0.5，1）	
N450	G68 X0 Y0 R288	ROT RPL＝288	坐标系偏转，调用循环钻第三个ϕ6H7孔
N460		G00 X18 Y0	
N470	G82 X18 Y0 Z－18 R5 Q4 P2 F80	CYCLE83（5，0，2，－18，，，8，3，2，2，0.5，1）	
N480	G69	ROT	取消坐标系偏转
N490	G00 G80 Z200 M09	G00 Z200 M09	抬刀，切削液关
N500	M00 M05	M00 M05	程序停止、主轴停止，换铣刀
N510	M03 S800 T2	M03 S800 T2	设置铣孔转速
N520	G43 X0 Y0 Z10 H02	X0 Y0 Z10	进给
N530	G01 Z－16 F100	G01 Z－16 F100	
N540	G41 X7.5 Y0 D2	G41 X7.5 Y0	建立刀具半径补偿
N550	G03 I－7.5 J0	G03 I－7.5 J0	铣ϕ16mm孔，留0.5mm余量
N560	G01 G40 X0 Y0	G01 G40 X0 Y0	刀具切出，取消补偿
N570	G00 Z200	G00 Z200	抬刀

（续）

程序段号	法那克系统程序	西门子系统程序	指令含义
N580	M00 M05	M00 M05	程序停止、主轴停止，换M6丝锥
N590	M03 S200 T8	M03 S200 T8	设置攻螺纹转速
N600	G00 G43 Z10 H08 M08	G00 Z10 M08	进给
N610		CYCLE84（5，0，3，－16，，，3，，1，90，100，200）	设置攻螺纹参数，调用攻螺纹循环攻M6螺纹
N620	G84 X18 Y0 Z－16 R5 P2 F200		
N630	G68 X0 Y0 R72	ROT RPL＝72	坐标系偏转，调用攻螺纹循环攻第二处螺纹
N640		G00 X18 Y0	
N650	G84 X18 Y0 Z－16 R5 P2 F200	CYCLE84（5，0，3，－16，，，3，，1，90，100，200）	
N660	G69	ROT	取消坐标系偏转
N670	G00 G80 Z200 M09	G00 Z200 M09	抬刀，切削液关
N680	M00 M05	M00 M05	程序停止、主轴停止，换镗刀
N690	M03 S600 T9	M03 S600 T9	设置镗孔转速
N700	G43 X0 Y0 Z10 H09	G00 X0 Y0 Z10	刀具移至镗孔位置
N710		CYCLE85（5，0，2，－16，，1，60，80）	调用镗孔循环镗ϕ16mm孔
N720	G85 X0 Y0 Z－16 R5 F60		
N730	G00 G80 Z200	G00 Z200	抬刀
N740	M00 M05	M00 M05	程序停止、主轴停止，换铰刀
N750	M03 S300 T10	M03 S300 T10	设置铰孔转速
N760	G43 Z10 H10 M08	Z10 M08	进给，切削液开
N770	G68 X0 Y0 R144	ROT RPL＝144	坐标系偏转
N780	G00 X18 Y0	G00 X18 Y0	刀具移至第一个铰孔位置
N790	G01 Z－16 F60	G01 Z－16 F60	铰孔至孔底
N800	G04 X2	G04 F2	暂停2s
N810	Z5	Z5	退出刀具
N820	G68 X0 Y0 R216	ROT RPL＝216	坐标系偏转
N830	G00 X18 Y0	G00 X18 Y0	刀具移至第二个铰孔位置
N840	G01 Z－16 F60	G01 Z－16 F60	铰孔至孔底
N850	G04 X2	G04 F2	暂停2s
N860	Z5	Z5	退出刀具
N870	G68 X0 Y0 R288	ROT RPL＝288	坐标系偏转
N880	G00 X18 Y0	G00 X18 Y0	刀具移至第三个铰孔位置

（续）

程序段号	法那克系统程序	西门子系统程序	指令含义
N890	G01 Z－16	G01 Z－16	铰孔至孔底
N900	G04 X2	G04 F2	暂停 2s
N910	Z5	Z5	退出刀具
N920	G69	ROT	取消坐标系偏转
N930	G00 Z200 G49	G00 Z200	抬刀
N940	M05	M05	主轴停止
N950	M30	M30	程序结束